中等职业学校示范校建设成果教材

建筑工程测量

主　编　王凤花
副主编　梅建智
主　审　谭　伟

机械工业出版社

本书主要是根据中等职业教育示范校建设及课程改革创新示范要求，并参照有关国家规范和行业岗位要求编写而成。全书共分5个情境10个任务，包括运用水准仪对现有地形进行抄平（学习水准仪的基础知识与操作、运用水准仪测设高程），运用经纬仪测定已知坐标方位（学习经纬仪的基础知识与操作、运用经纬仪测定坐标方位），运用花杆和钢尺测量线路距离（学习距离测量的基础知识与视距法测距、钢尺量距），运用经纬仪或全站仪测量并计算未知点位坐标（导线测量、运用全站仪程序测量并计算未知点位坐标），根据地形图计算方格网面积和挖、填方量（学习地形图的基础知识、测量指定路段并计算挖、填方量）。本书配有任务工单，可以让学生更好地适应实际工作岗位，锻炼学生解决实际问题的能力。

本书可作为职业院校建筑施工专业教学用书，也可作为企业初级培训用书。

图书在版编目（CIP）数据

建筑工程测量/王凤花主编. —北京：机械工业出版社，2014.7（2024.2重印）
中等职业学校示范校建设成果教材
ISBN 978-7-111-46683-3

Ⅰ.①建… Ⅱ.①王… Ⅲ.①建筑测量-中等专业学校-教材
Ⅳ.①TU198

中国版本图书馆CIP数据核字（2014）第096589号

机械工业出版社（北京市百万庄大街22号 邮政编码100037）
策划编辑：刘思海 责任编辑：刘思海
版式设计：霍永明 责任校对：潘 蕊
封面设计：马精明 责任印制：刘 媛
涿州市般润文化传播有限公司印刷
2024年2月第1版第7次印刷
184mm×260mm·7.5印张·178千字
标准书号：ISBN 978-7-111-46683-3
定价：25.00元

电话服务	网络服务
客服电话：010-88361066	机 工 官 网：www.cmpbook.com
010-88379833	机 工 官 博：weibo.com/cmp1952
010-68326294	金 书 网：www.golden-book.com
封底无防伪标均为盗版	机工教育服务网：www.cmpedu.com

前　言

随着现代测绘技术的发展与应用，建筑工程建设中的测绘技术发生了巨大变革。为适应职业教育的教学改革，本书从基础知识和基本方法出发，结合建筑企业对职业教育学生的技能要求，重视基本的技能训练和实践性教学环节，内容上力求简单实用、通俗易懂，注重基本操作和应用的详细叙述，以突出职业教育特色。

本书主要从水准测量、角度测量、距离测量、全站仪的使用及地形图的应用等方面着手，目的是使学生掌握建筑测量技术，为后续施工课程以及未来工作打下基础。本书还配有任务工单，旨在让学生能更好地适应实际工作岗位，锻炼学生解决实际问题的能力。

本书由王凤花担任主编并统稿、定稿，梅建智担任副主编，主要参编人员有王松、郑洪超、孙永佳。

本书在编写过程中，得到南方测绘仪器公司及很多建设单位的大力支持与帮助，同时，也参阅了大量文献，在此一并表示感谢。

由于编者水平有限，书中难免存在疏漏和不妥之处，恳请专家和读者批评指正。

编　者

目　录

绪　论

一、建筑工程测量概述

测量学是一门古老而又新型的科学，它的发展非常迅速。现代测量学主要包括：普通测量学、大地测量学、工程测量学、海洋测绘学、摄影测量与遥感（RS）、全球定位系统（GPS）、地理信息系统（GIS）等。

建筑工程测量是测量学的一个组成部分，是研究建筑工程从勘测、设计到施工、竣工阶段所进行的各种测量理论、技术和方法的学科。建筑工程测量在国民经济和国防建设中都占有非常重要的地位。任何建设项目在施工前、施工中、施工后都需要大量的测量，测量工作贯穿于工程建设的始终，服务于施工过程的每一个环节，而且测量的精度和进度直接影响整个工程的质量和进度。

二、测量的主要内容

测量的主要内容包括测定和测设两个部分。测定也称为测图，是指使用测量仪器和工具，对地球表面的点进行测量、计算，获得大量的测量数据，最终根据数据把地形地貌转化成地形图，供工程规划、设计使用，简而言之就是将地面上的点转化到图样上。测设也称为放样，是指将图样上设计好的建筑物的位置通过一定的测量方法标定在地面上，作为施工依据，用于指导施工，简而言之就是将图样上的点测定到地面上去。

三、测量工作概述

1）建筑工程测量的任务主要有：地形测量、施工测量、变形观测。

2）测量的基本工作主要有：测高差、测角度、测距离。

3）测量工作的原则主要有：布局上由整体到局部；次序上先控制后碎步；精度上由高级到低级；步步校核，校核合格后方可进入下一步工作。

4）测量工作人员的要求主要有：认真负责；测量数据绝不允许胡乱涂改；保证测量成果的真实性和客观性；爱护仪器设施。

四、地面点的表示方法

测量工作的实质是确定地面点的位置。当测区范围较小时，地面点的位置可用平面直角坐标和高程来确定。测量中所用的平面直角坐标系和数学中的直角坐标系不同，测量中是以 x 轴作为纵轴，向北为正，以 y 轴作为横轴，向东为正。故地面点的表示方法为（x，y，H）或（N，E，Z）。

地面点的平面坐标（x，y）主要是通过测量仪器测出的角度和距离计算得来的。高程（H）主要是使用水准仪进行测量并计算获得的。测量用平面直角坐标系如图 0-1 所示。

（一）高程系统

（1）大地水准面　假想静止的平均海水面无限延伸将地球包围所形成的一个封闭的曲面，称为大地水准面，如图 0-2 所示。大地水准面是唯一的。

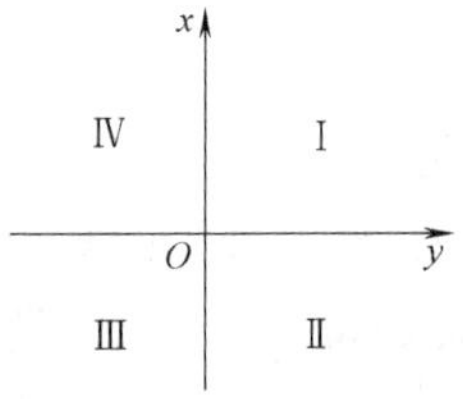

图 0-1　测量用平面直角坐标系

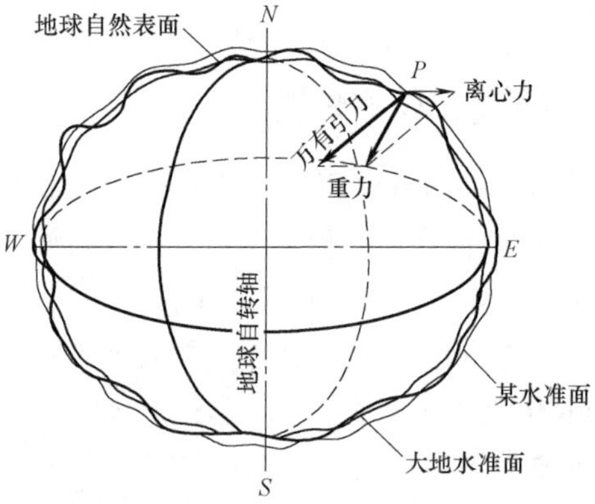

图 0-2　大地水准面

为了统一全国的高程系统，我国采用与黄海平均海水面相吻合的大地水准面作为全国高程系统的基准面，我国现采用的高程系统为“1985 年国家高程基准”。

（2）高程　高程分为绝对高程和相对高程。

1）地面点到大地水准面的铅垂距离称为绝对高程，简称高程，常用 H 表示。

2）地面点到假定水准面的铅垂距离称为该点的相对高程，也叫假定高程，用 H' 表示。其中，假定水准面与大地水准面是平行关系。

（3）高差　两点间的绝对高程或相对高程之差称为高差，用 h 表示。

如图 0-3 所示：H_A 为 A 点的绝对高程；H'_A 为 A 点的相对高程；H_B 为 B 点的绝对高程；H'_B 为 B 点的相对高程；h_{AB} 为 A 点到 B 点的高差。

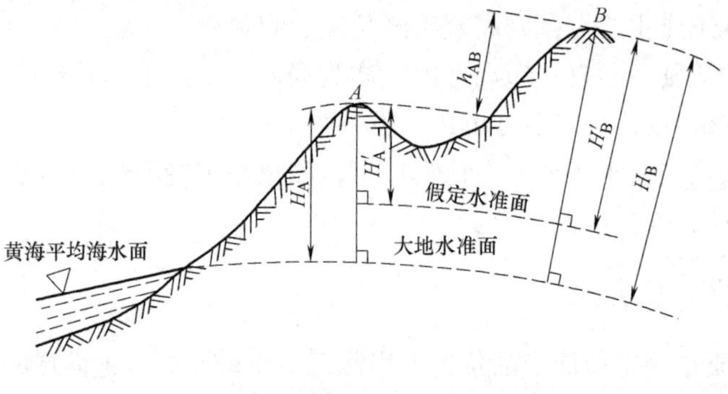

图 0-3　高程与高差

$$h_{AB} = H_B - H_A = H'_B - H'_A$$

由此可见，两点之间的高差与高程起算面无关。

高差具有方向性，高差为“+”表示上升，高差为“-”表示下降，即

$$h_{AB} = -h_{BA}$$

（二）测量中的计量单位与计算问题

（1）计量单位

1）长度单位：km、m、dm、cm、mm。

2）面积单位：km^2、m^2、公亩、公顷、市亩。

$$1km^2 = 10^6 m^2 = 100\text{公顷}$$

$$1\text{公顷} = 100\text{公亩} = 10^4 m^2 = 15\text{市亩}$$

$$1\text{市亩} = 666.67m^2$$

3）体积单位：m^3，在生产实际中常简称为“立方”或“方”。

4）角度单位：度（°）、分（′）、秒（″）。

$$1° = 60' = 3600''$$

在写角度值时，角度的分、秒数均应写足两位。

（2）必须加正、负号的数 高差数、竖直角、闭合差与改正数。

（3）记录与计算的注意事项 记录与计算均应用绘图铅笔2H或3H。禁止擦拭、涂改。记录数字若有错误，应在错误数字上划一斜杠，将改正数据记在原数上方。数据计算时，应根据所取位数，按“4舍6进，5前单进双舍”的规则进行凑整。

五、课后练习

（一）填空题

1. 要测绘测区的地形图，其原则是在程序上先____________、后____________；在形式上先____________、后____________；在精度上由____________到____________。

2. 地面点的位置可由____________和____________来确定。

3. 地面点的高程可分为______高程和______高程。

（二）选择题

1. 大地水准面有（　　）个。

A. 1　　B. 无数　　C. 2　　D. 5

2. 测量工作中采用的平面直角坐标系与数学上的平面直角坐标系（　　）。

A. 完全相同　　B. 一点不同　　C. 两点不同　　D. 完全不同

3. 在小范围进行测量工作时，可用（　　）坐标表示点的位置。

A. 平面直角坐标　　B. 地理坐标　　C. 高斯平面直角坐标　　D. 其他坐标

（三）问答题

1. 试述测量的主要内容。

2. 什么是绝对高程、相对高程和高差?

3. 测量的三项基本工作是什么?

情境一　运用水准仪对现有地形进行抄平

本情境我们将通过两个任务来介绍水准仪的使用，学习过后应能熟练运用水准仪进行场地抄平。

能力目标

1. 了解测量仪器的构造，正确操作水准仪（架设仪器、粗平、对光和照准、读数）。
2. 运用水准测量原理，测定施工场地未知点的高程。
3. 运用高程测设原理，引测已知高程。
4. 熟练运用水准仪进行施工现场抄平。

任务一　学习水准仪的基础知识与操作

一、任务描述

本任务通过在平地、坡地和楼梯处分别进行水准仪的调平，初步掌握水准仪的基本知识和操作。

二、相关知识

测量工作的三项基本工作为测高差、测角度、测距离。高差测量使用的主要仪器就是水准仪。

我国生产的水准仪按精度分为：DS_{05}、DS_1、DS_3、DS_{10}、DS_{20}共五个等级。“D”表示大地测量中“大”字汉语拼音的第一个字母，“S”表示水准仪中的“水”字汉语拼音的第一个字母。下标05、1、3、10、20表示仪器的精度。按构造可分为：微倾式水准仪、自动安平水准仪、精密水准仪、数字水准仪、激光水准仪等。

（一）水准测量仪器及工具

1. 赛博自动安平水准仪

自动安平水准仪主要由望远镜、水准器和基座三部分构成，如图1-1所示。

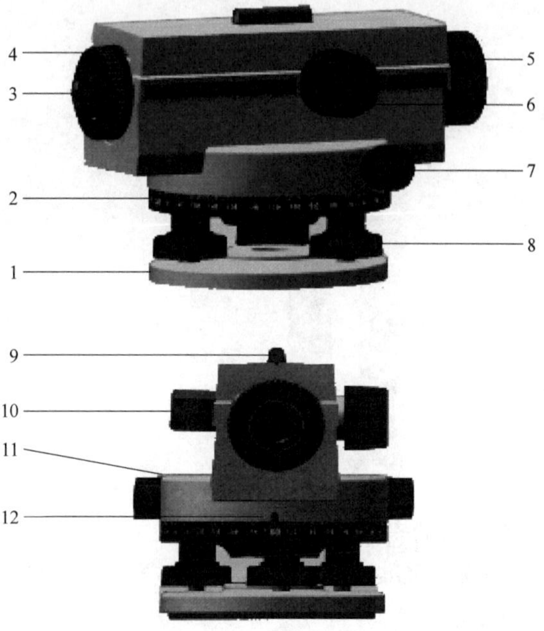

图1-1　自动安平水准仪

1—基座连接板　2—度盘　3—目镜　4—目镜调焦螺旋　5—物镜　6—物镜调焦螺旋　7—水平微动螺旋　8—脚螺旋　9—粗瞄准器　10—水泡观察室　11—圆水准器　12—度盘指示牌

1）基座连接板：用于支撑整个

水准仪的上部，并有连接螺纹，用于连接仪器和三脚架。

2）度盘：角度显示。

3）目镜：将十字丝及上面的成像放大成虚像。

4）目镜调焦螺旋：使十字丝成像清晰。

5）物镜：使远处目标在望远镜内成像。

6）物镜调焦螺旋：调节调焦透镜的位置，将目标成像落在十字丝平面上，使目标成像清晰。

7）水平微动螺旋：调节望远镜，精确瞄准目标。

8）脚螺旋：调节圆水准器气泡居中。

9）粗瞄准器：粗略瞄准目标。

10）水泡观察室：观测水准气泡是否居中。

11）圆水准器：调节仪器粗平，使气泡所在位置为高位。

12）度盘指示牌：测量时指示望远镜旋转角度。

2. 水准尺

水准尺通常由木材或铝合金制成，常见的有双面尺和塔尺，建筑工地主要使用的是塔尺。塔尺是一种逐节缩小的组合尺，一般为5m长，尺的底部为零点，常用于等外水准测量，如图1-2所示。

3. 三脚架

三脚架可连接仪器，起支撑和稳定的作用，如图1-3所示。

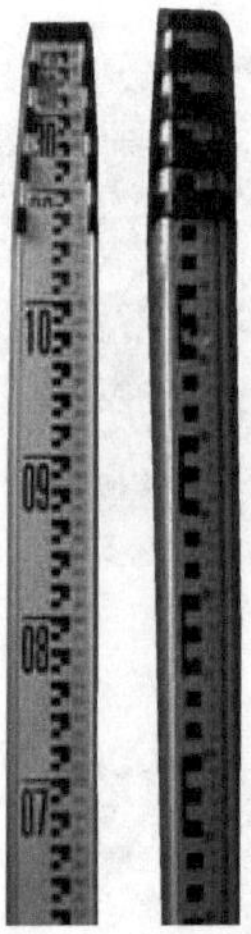

图1-2　塔尺

图1-3　三脚架

（二）自动安平水准仪操作

自动安平水准仪的操作包括：安置⟶调平⟶瞄准⟶读数。

1. 安置仪器

松开三脚架架腿上的固定螺旋，提起三脚架架头，使其高度在观测者颈部附近，然后拧紧固定螺旋，张开三脚架，使架头尽量水平，并将脚尖踩入土中，力求踩实，最后用连接螺旋将仪器连接在三脚架上。

2. 调平

左右旋转望远镜，观测气泡动向，如果气泡移动缓慢，则需根据气泡位置调节脚架，使架头大致水平，当气泡移动灵活，则将望远镜旋转到与任意两个脚螺旋平行，对向转动这两只脚螺旋，使圆水准器气泡向中间移动，如图 1-4 所示。当气泡、圆水准器的圆圈及另一脚螺旋大致呈一直线，再转动第三个脚螺旋，使气泡移至居中位置。

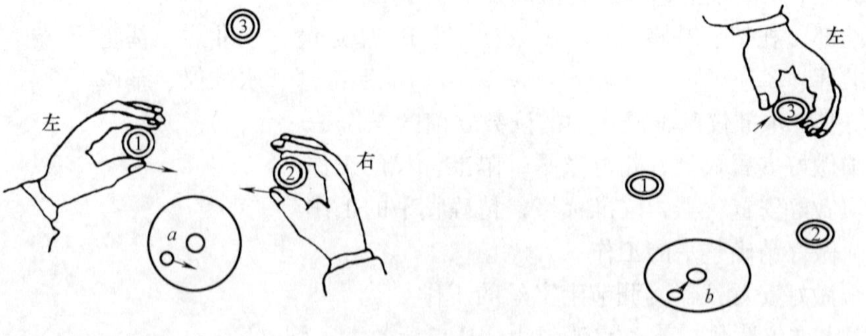

图 1-4　调平手法

调平技巧：气泡移动的方向即为左手大拇指旋转脚螺旋的方向。

3. 瞄准

将水准仪望远镜对向明亮的环境，转动目镜调焦螺旋，使十字丝成像清晰；转动仪器，用粗瞄准器瞄准水准尺，转动水平微动螺旋，使水准尺成像在十字丝交点处。当成像不太清晰时，转动物镜调焦螺旋，使水准尺成像清晰。反复调节调焦螺旋，直到观测者眼睛上下移动，读数没有变化，即说明没有视差存在，可以读数。

4. 读数

如图 1-5 所示，用十字丝的中丝在水准尺上读取米、分米、厘米，估读毫米，即读出四位有效数字。如果某一位数是零，也必须读出并记录，不可省略，如：0. 125m 应读为 0125mm，1. 75m 应读为 1750mm。观测者读数后，记录者应在记录的同时回报读数，以防听错、记错。

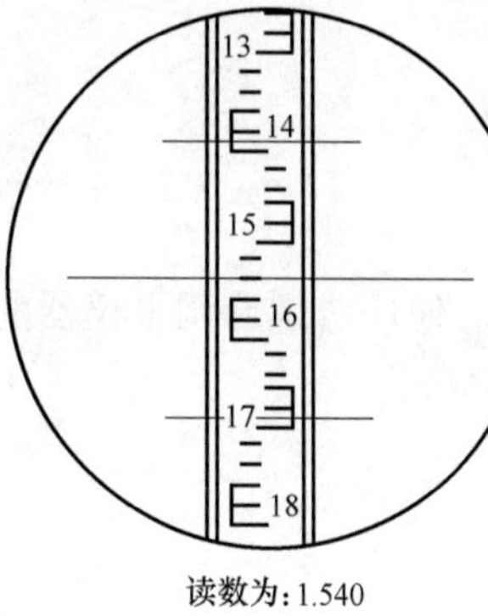

图 1-5　塔尺读数

三、任务实施

按照情境一任务一工单中的“在平地、坡地和楼梯处分别进行水准仪的调平”完成本任务的实施。

四、课后练习

（一）填空题

1. 填写表 1-1 中的水准仪各操作部件的作用。

表 1-1　水准仪各操作部件的作用

操作部件	作　用	操作部件	作　用
目镜调焦螺旋		粗瞄准器	
物镜调焦螺旋		水平微动旋钮	
脚螺旋		圆水准器	

2. 自动安平水准仪________（有或没有）管水准气泡。

3. 转动脚螺旋时要以“气泡移动的方向与________拇指的旋转方向一致”的原则进行操作。

（二）选择题

1. 自动安平水准仪的基本结构由（　　）构成。

A. 瞄准部、托架、基座　　B. 望远镜、水准器、基座

C. 瞄准部、基座　　D. 照准部、水准仪、基座

2. 自动安平水准仪基本操作中的读数之前的操作是（　　）。

A. 必须做好安置仪器，粗略整平，瞄准标尺的工作

B. 必须做好安置仪器，瞄准标尺，精确整平的工作

C. 必须做好精确整平的工作

D. 必须做好安置仪器，调节十字丝的工作

3. 使用水准仪读数，若 A 点读数小，B 点读数大，则（　　）。

A. A 点比 B 点低　　B. A 点和 B 点可能同高

C. A 点和 B 点的高程取决于仪器高度　　D. A 点比 B 点高

（三）问答题

1. 自动安平水准仪的基本操作包括哪些内容？

2. 使用脚螺旋调平仪器的手法有哪些？

3. 如何消除视差？

任务二　运用水准仪测设高程

一、任务描述

本任务通过运用水准仪测设高程，学会运用水准仪对现有地形进行抄平。

二、相关知识

（一）从已知点通过水准仪测量未知点高程

1. 水准测量的原理

水准测量的原理是利用水准仪提供的水平视线，读取竖立于两个点上的水准尺上的读数（即读取水准尺上的刻度），来测定两点间的高差，再根据已知点高程计算未知点高程。

如图 1-6 所示：A、B 两点的高差 $h_{AB}=a-b$，由图可知，两点的高差等于后视读数减去前视读数。

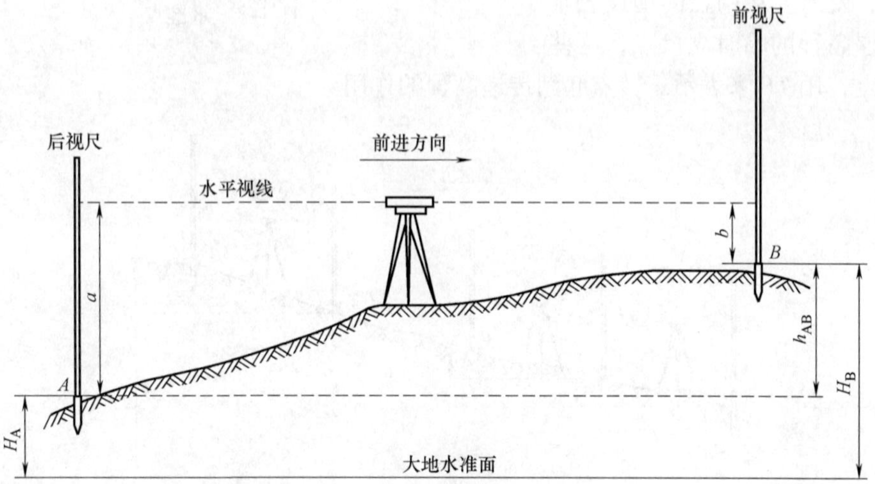

图 1-6　水准测量原理

2. 水准测量路线布设

（1）附合水准路线　即从一已知水准点 $BM1$ 出发，沿着各个待定高程的点逐站进行水准测量，最后附合到另一个已知水准点 $BM2$ 上。附合水准路线的检核条件为：从 $BM1$ 测到 $BM2$ 的高差之和为 $\Sigma h_{理论}=H_{终}-H_{起}$，如图 1-7a 所示。

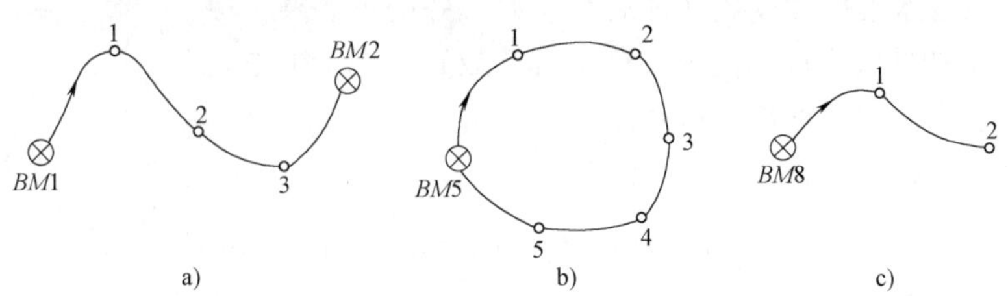

图 1-7　水准路线的布设

（2）闭合水准路线　即从已知水准点 $BM5$ 出发，沿环线对各个待定高程的点逐站进行水准测量，最后又回到出发点。闭合水准路线的检核条件为：$\Sigma h_{理论}=0$，如图 1-7b 所示。

（3）支水准路线　从已知点 $BM8$ 出发，进行水准测量往返测，最后测出未知点高程。支水准路线的检核条件为：$\Sigma h_{往}+\Sigma h_{返}=0$，如图 1-7c 所示。

3. 水准测量外业实施

1）水准点：用水准测量的方法测定的高程控制点，如图 1-8 所示。为统一全国的高程系统和满足各种测量的需要，测绘部门在全国各地埋设并测定了很多水准点，通常缩写为 *BM*（ ）表示。括号内为水准点的等级和编号。例如 *BM*（Ⅲ6）表示国家三等水准点，编号为6。

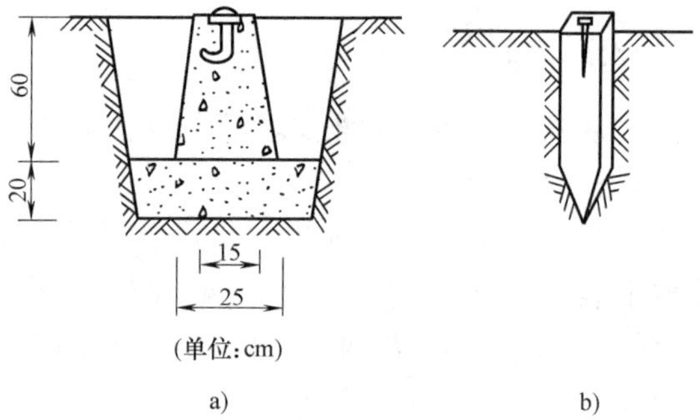

图 1-8 水准点

2）转点：当 *A*、*B* 两点相距较远或高差较大，安置一次仪器无法测得其高差时，就需要在两点间增设若干个作为传递高程的临时立尺点，这些点称为转点，用 *TP* 来表示。转点起到传递高程的作用。

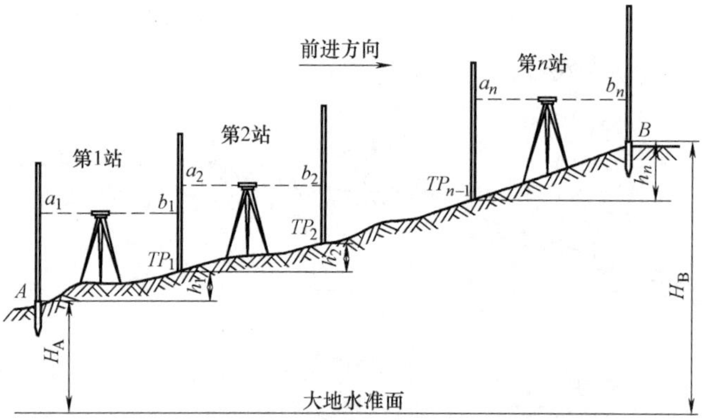

图 1-9 普通水准测量略图

以图 1-9 为例，若要测 *A*、*B* 两点间的高差，则水准测量外业施测的具体步骤为：

① 确定测量前进方向。

② 在适当位置选择一个转点 *TP*1，在 *A* 点和转点 *TP*1 的中间架设仪器并调平。

③ 瞄准 *A* 点处水准尺的读数（即后视读数）并记录下来。

④ 瞄准 *TP*1 点处水准尺的读数（即前视读数）并记录下来。

⑤ 重复上述②～④，直到测到 *B* 点。

⑥ 由下面公式计算各段高差并进行平差。

$$h_1 = a_1 - b_1 \quad H_1 = H_A + h_1$$

$$h_2 = a_2 - b_2 \quad H_2 = H_1 + h_2$$

$$h_n = a_n - b_n \quad H_B = H_{n-1} + h_n$$

可得

$$\Sigma h = \Sigma a - \Sigma b \quad H_B = H_A + \Sigma h$$

所以

$$h_{AB} = \Sigma h = h_1 + h_2 + h_3 + \cdots + h_n$$

$$H_B = H_A + h_{AB}$$

⑦ 在施测时同时填写支水准路线测量成果计算表，见表 1-2。

表 1-2　支水准路线测量成果计算表

测站	点号	水准尺读数/mm		高差/m		高程/m	备注
		后视	前视	+	−		
1	A	1632		0.361		19.153	已知
	$TP1$		1271			19.514	
2	$TP1$	1862		0.910			
	$TP2$		0952			20.424	
3	$TP2$	1346		0.094			
	$TP3$		1252			20.518	
4	$TP3$	0931			0.547		
	$TP4$		1478			19.971	
5	$TP4$	0836			0.389		
	B		1225			19.582	
计算检核	Σ	6.607	6.178	1.365	0.936		
	$\Sigma a-\Sigma b=+0.429$			$\Sigma h=+0.429$			

4. 测量实训内业记录

1）测量实训内业记录应自备记录板、2H 或 3H 绘图铅笔，条件允许的情况下，还应该准备好计算器。

2）测量实训内业记录表除了使用本书“任务工单”，如实训内容较多，学生还应按照实训要求自绘实训表格。

3）测量实训内业各项记录必须直接记入在规定的表格内，不准另以纸条记录事后誊写。凡记录表格上规定应填写的项目不得空白。

4）观测者读数后，记录者应在记录的同时回报读数，以防听错、记错。

5）禁止擦拭、涂改。记录数字若有错误，应在错误数字上划一斜杠，将改正数据记在原数上方。（按照国赛要求应举手报告。）

5. 误差分析及内外业检核

（1）水准测量误差分析

1）仪器误差：i 角误差、水准尺误差。

2）观测误差：气泡居中误差、读数误差、水准尺倾斜、视差。

3）外界环境影响：仪器下沉、地球曲率、大气折光、温度。

（2）水准测量的检核与内业计算

1）水准测量的检核。

① 计算检核。在实际工作中，是把水准测量的数据记录在表格中，然后再计算高差。计算过程中总是难免出错的，为了能够检查高差是否计算正确，就要进行计算检核。

由公式：$\Sigma h=\Sigma a-\Sigma b$，$\Sigma h=H_B-H_A$，比较两种结果得出的结论是否符合精度要求，若符合则高差计算正确，若不符合则重新测量。

② 测站检核。计算检核只能检核高差计算的正确性，但如果某一站的高差由于某种原因测错了，那计算检核就无能为力了。因此，我们对每一站的高差都要进行检核，这种检核

就称为测站检核，常见的检核方法有双仪高法和双面尺法。

a）双仪高法。改变仪器的高度（前后尺保持不动），测出两次黑面高差。在理论上这两次测得的高差应该相同。但由于误差的存在，使得两次测得的高差存在差值。若差值 < 5mm（等外水准）则认为高差正确，取平均值作为该站高差，否则重测。

b）双面尺法。前后水准尺保持不动，读取双面水准尺红黑两面读数，分别计算高差。理论上这两个高差应该相差 100mm，但由于误差的存在，使算得的两个高差存在差值。若差值 < 5mm（等外水准）则认为高差正确，取平均值作为该站高差，否则重测。

6. 水准测量内业计算

（1）计算高差闭合差　高差闭合差 f_h：在不可避免的误差的影响下，高差观测值与真值之间的差值称为高差闭合差。

附合水准路线的检核条件：从 $BM1$ 测到 $BM2$ 的高差之和为 $\Sigma h_{理论} = H_{终} - H_{起}$。则高差闭合差 $f_h = \Sigma h_{测} - \Sigma h_{理论} = \Sigma h_{测} - (H_{终} - H_{起})$

闭合水准路线的检核条件：$\Sigma h_{理论} = 0$。高差闭合差 $f_h = \Sigma h_{测} - \Sigma h_{理论} = \Sigma h_{测}$。

（2）计算高差闭合差允许值，校核外业精度　按现行规范规定：对于一般施工测量的精度要求为：

$$f_{允} = \pm 40\sqrt{L}\text{mm}(L\text{ 为路线长,以 km 计,需换算})(\text{平地})$$

$$f_{允} = \pm 12\sqrt{N}\text{mm}(N\text{ 为测站数})(\text{山地})$$

当 $|f_h| < |f_{允}|$ 时，精度符合要求，否则成果不合格，需重测。

（3）高差闭合差调整，计算改正数　调整计算就是要将高差闭合差按照一定的规则分配到各个测站所测得的高差中，这样就消除了高差闭合差，使得水准路线的限制条件得以满足。

基本原则：将高差闭合差按与测站数（或路线长度）成正比原则反号分配到各段高差中去。用公式表示为

$$v_i = -\frac{f_h}{\Sigma L} \times L_i \text{或} v_i = -\frac{f_h}{\Sigma n} \times n_i$$

式中　ΣL——水准路线总长度；

L_i——第 i 测段的路线长；

Σn——水准路线总测站数；

n_i——第 i 测段路线站数；

v_i——分配给第 i 测段观测高差 h_i 上的改正数。

（4）计算改正后的高差　计算改正后的高差 $h_{改}$，等于第 i 测段观测高差 h_i 加上其相应的高差改正数 v_i，即

$$h_{改} = h_i + v_i$$

（5）计算待测点高程（$H_{待}$）

$$H_{待} = H_{已知} + h_{改}$$

［**例 1-1**］　如图 1-10 所示的某附合水准路线，$BM\ A$ 和 $BM\ B$ 为已知水准点，按普通水准测量的方法测得各测段观测高差和测段路线长度分别标注在路线的上、下方。现将此算例高差闭合差的分配和改正后高差及高程计算成果列于表 1-3。

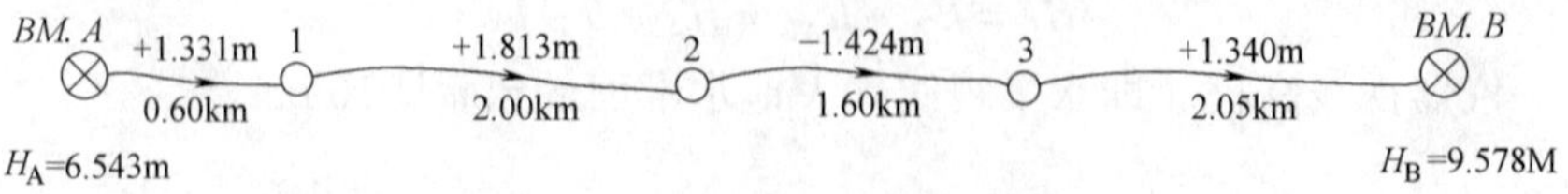

图 1-10　某附合水准测量

表 1-3　某附合水准路线测量成果计算表

点　　号	路线长度 L/km	观测高差 h_i/m	高差改正数 v_i/m	改正后高差 $h_{改}$/m	高程 H/m	备注
BM A	0.60	+1.331	−0.002	+1.329	6.543	已知
1	2.00	+1.813	−0.008	+1.805	7.872	
2	1.60	−1.424	−0.007	−1.431	9.667	
3	2.05	+1.340	−0.008	+1.332	8.246	
BM B					9.578	已知
Σ	6.25	+3.060	−0.025	+3.305		

$f_h = \Sigma h_{测} - (H_B - H_A) = 25\text{mm}$　$f_{h容} = \pm 40\sqrt{L} = \pm 100\text{mm}$

$v_i = -\dfrac{f_h}{\Sigma L} = -\dfrac{+25}{6.25}\text{mm/km} = -4\text{mm/km}$　$\Sigma v_i = -25\text{mm} = f_h$

7. 测量实训计算规则

1）测量实训记录或计算的数据应写齐规定的字数，表示精度或占位的“0”均不能省略。如水准尺读数 2.33m 应记作 2.330m，角度读数 46°4′4″应记作 46°04′04″。

2）数据计算时，应根据所取位数，按“4 舍 6 进，5 前单进双舍”的规则进行凑整。例如，若取至毫米则 2.3584m、2.3576m、2.2585m、2.3575m 都应记为 2.358m。

3）原始观测数据的尾数部分不准更改，否则应将该部分观测废去重测。

① 水准测量中厘米和毫米的读数不得更改，重测范围为一测站。

② 角度测量中分和秒的读数不得更改，重测范围为一测回。

③ 距离测量中厘米和毫米的读数不得更改，重测范围为一尺段。

④ 禁止连续更改水准测量中的黑、红读数，角度测量中的盘左、盘右读数以及距离测量中的往、返读数等。以上均不能同时更改，否则重测。

⑤ 每测站观测结束后，必须在现场完成规定的计算和检核，确认无误后方可迁站。

（二）在学校道路上进行指定段抄平

1. 抄平原理

抄平就是看是否在一个水平面上，即标高是否相同。简单地说就是使用水准仪将建筑物放在一个平面上，控制标高。

2. 抄平方法

建筑施工中经常用水准仪进行抄平来测量高差。抄平作业常采用两种方法：一种是升降标尺法，即先立标尺于基准点上测出高程并在标尺上做标记，然后搬动标尺至另一点，用水准仪中的水平线来控制标尺的升降至标记处，标尺底端则与基准水平高程相同；另一种是施工测量中经常采用仪器视线高 H_i 计算 B 点高程，称为仪高法（图 1-11），即

视线高程　　　　　　　　　$H_i = H_A + a$

B 点高程 $H_B = H_A + h_{AB} = H_A + a - b$

式中 H_i——仪器视线高程（即水平视线到大地水准面的铅垂距离）。

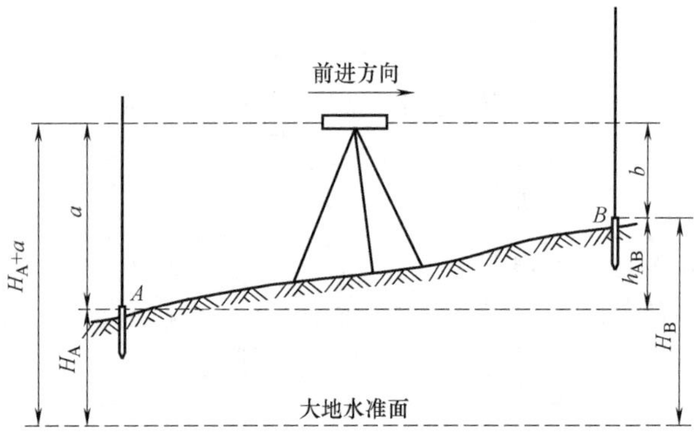

图 1-11 仪高法

仪高法一般适用于安置一次仪器测定多点高程的情况，如线路高程测量、大面积场地平整高程测量。

3. 场地抄平

如图 1-12 所示，现对已有地形进行抄平。A 点为已知基准点，测设其余各点高程，做好标记，指导施工进行场地抄平。抄平步骤如下：

1）将水准仪架设在坚硬开阔的场地上，以便尽量多测设些高程点。

2）在基准点 A 上立水准尺，读取 A 点读数 a，则仪器高为：$H_A + a$。

3）在施工场地未知点 1、2、3 上立水准尺，读取未知点的读数 b_1、b_2、b_3，计算 $a - b_i$。

4）利用高挖（$a - b_i > 0$）低填（$a - b_i < 0$）进行场地抄平。

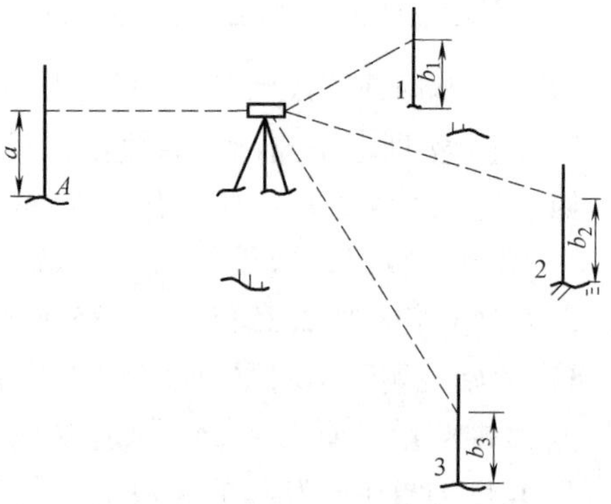

图 1-12 某场地抄平

三、任务实施

按照情境一任务二工单中的“运用水准仪测设高程”完成本任务的实施。

四、课后练习

（一）填空题

1. 水准测量测站校核的方法有____________法和____________法。

2. 在水准测量中起传递高程作用的点为____________点。

3. 设 A 点为后视点，B 点为前视点，$H_A = 100$m，后视读数为 0.983，前视读数为 1.149，则 A、B 两点的高差为____________ m，$H_B =$ ____________ m。

（二）选择题

1. 从一个已知的水准点出发，沿途经过各点，最后到达另一个已知的水准点上，这样的水准路线是（　　）。

A. 附合水准路线　　B. 闭合水准路线　　C. 支水准路线　　D. 支导线

2. 在调节水准仪粗平时，要求气泡移动方向与左手大拇指旋转脚螺旋的方向（　　）。

A. 相反　　B. 相同　　C. 都可以

3. 使水准仪的圆水准器的气泡居中，应旋转（　　）。

A. 微动螺旋　　B. 微倾螺旋　　C. 脚螺旋　　D. 对光螺旋

（三）问答题

1. 试述水准测量的原理。

2. 水准测量中可能产生哪些误差？如何减少或消除对测量成果的影响？

3. 某附合水准路线，已知条件见表1-4，计算各点的高程。

表1-4　某附合水准路线已知条件

点号	测站数 n	实测高差/m	高差改正数/m	改正后高差/m	高程/m	备　注
A					84.886	已知
	5	+2.942				
1						
	9	+1.890				
2						
	8	-5.496				
3						
	6	+4.253				
B					88.428	已知
总和						

情境二　运用经纬仪测定已知坐标方位

能力目标

1. 了解测量仪器构造，正确操作经纬仪、全站仪（架设仪器、粗平、对光和照准、精平、读数）。

2. 运用角度测量原理，测量并计算竖直角、水平角。

3. 运用角度测设原理，对施工图样进行测量放线。

4. 熟练运用经纬仪测定坐标方位。

任务一　学习经纬仪的基础知识与操作

一、任务描述

本任务通过经纬仪在平地、坡地和楼梯的调平实训，初步掌握经纬仪的基本知识和操作。

二、相关知识

经纬仪的主要用途是角度测量。经纬仪按精度分为：DJ_{07}、DJ_1、DJ_2、DJ_6、DJ_{30}共五个等级。“D”表示大地测量中的“大”字汉语拼音的第一个字母，“J”表示经纬仪“经”字汉语拼音的第一个字母。下标07、1、2、6、30表示仪器的精度。按构造可分为：光学经纬仪（垂球对中、光学对中）、电子经纬仪等。

（一）北京三鼎公司制造的南方激光电子经纬仪

北京三鼎公司制造的南方激光电子经纬仪（图2-1）主要构成如下：

1）望远镜（由物镜、目镜、调焦透镜、十字丝分划板组成）：用于瞄准目标。

2）水平制动、微动螺旋：调节望远镜在水平方向的转动，微动螺旋只有在制动时才能起作用。

3）垂直制动、微动螺旋：调节望远镜在纵向的转动，微动螺旋只有在制动时才能起作用。

4）目镜调焦螺旋：使十字丝成像清晰。

5）物镜调焦螺线：使目标成像落在十字丝分划板上并调节清晰。

6）圆水准器、长水准器：用于显示仪器的粗平、精平。

7）基座（由脚螺旋、连接板、连接螺旋组成）：支撑整个仪器上部，起连接和调节作用。

8）显示屏、操作键盘如图2-2所示。

显示屏采用线条式液晶，常用符号全部显示时其位置如图2-3所示。

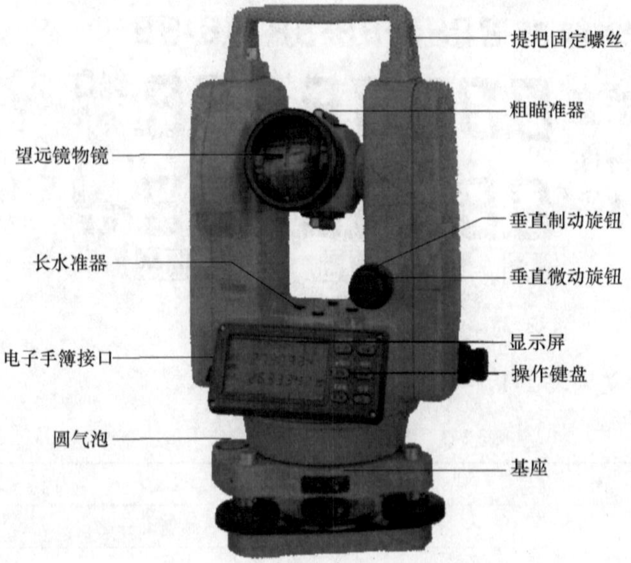

a)

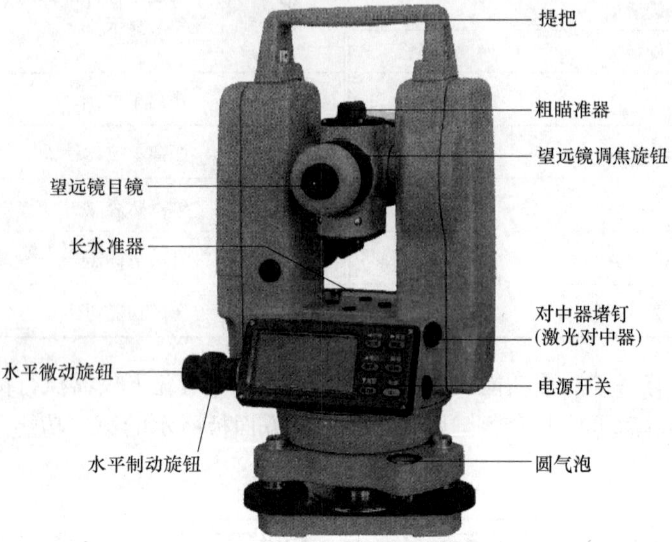

b)

图 2-1　激光电子经纬仪

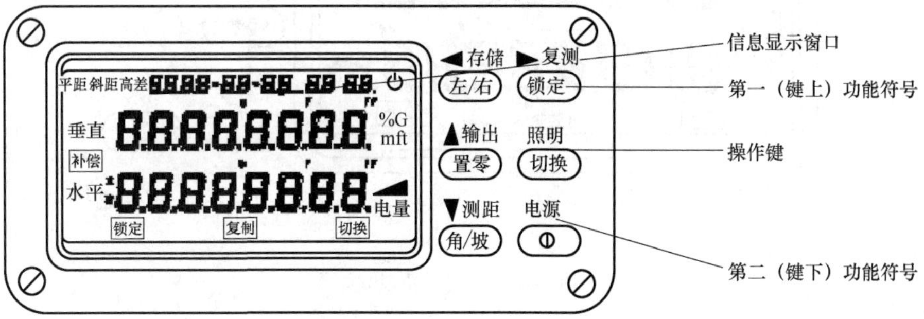

图 2-2　显示屏、操作键盘

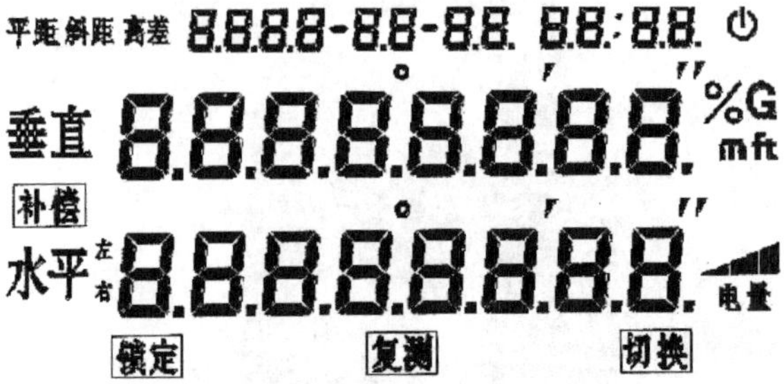

图 2-3　显示屏显示的常用符号

显示屏上的符号含义见表 2-1。

表 2-1　显示屏上的符号含义

符号	内　　容	符号	内　　容
垂直	垂直角	%	倾斜百分比
水平	水平角	G	角度单位:格(Gon)(角度采用度及密码时无符号显示)
水平右	水平右旋增量		
水平左	水平左旋增量		
斜距	斜距	m	距离单位:米
平距	平距	ft	距离单位:英尺
高差	高差	锁定	锁定状态
补偿	倾斜补偿功能	⏻	开关机标志
复测	复测状态	切换	第二功能切换

本仪器键盘具有一键双重功能，如图 2-4 所示。一般情况下仪器执行按键上所示的第一功能，当按下切换键后再按其余各键则执行按键上方面板所示的第二功能。

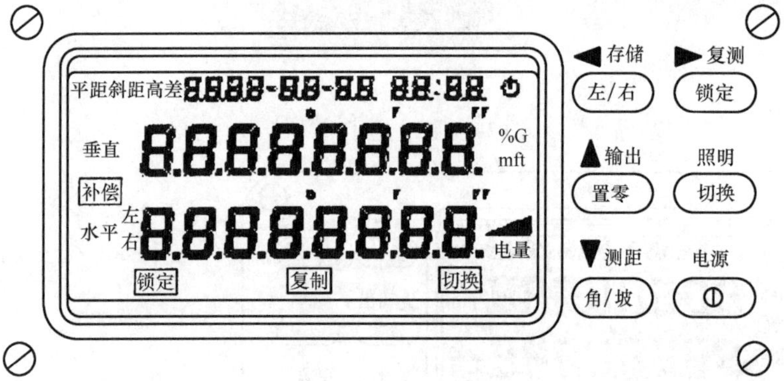

图 2-4　一键双重功能

功能键的含义见表 2-2。

表 2-2　功能键的含义

按键	功能 1	功能 2
◀存储(左/右)	左/右:显示左旋/右旋水平角选择键,按此键 3 秒以上,开起或关闭激光对中点功能	存储:测量数据存储到内存中 ◀显示屏中光标左移
▶复测(锁定)	锁定:水平角锁定,按此键 3 秒以上,开起或关闭激光指向功能	复测:重复测角测量 ▶显示屏中光标右移
▲输出(置零)	置零:水平角清零,按此键两次,水平角置零	输出:测量数据串口输出 ▲显示屏中光标上移或数字减小
▼测距(角/坡)	角/坡:竖直角/坡度角百分比	测距:斜/平/高　距离测量 ▼显示屏中光标下移或数字增加
照明(切换)	切换:模式转换键,仪器第二功能选择	照明:望远镜十字丝和显示屏照明键,按此键 3 秒以上开关灯照明
电源(⏻)	电源开关,按键开机,按键大于 2 秒则关机	—

(二) 电子激光经纬仪的使用

电子激光经纬仪的安置包括：对中──→整平──→瞄准──→读数。对中的目的是使仪器的中心与测站的标志中心位于同一铅垂线上。整平的目的是使仪器竖轴处于铅垂位置，水平度盘处于水平位置。

1. 安置仪器的操作步骤

1）松开三脚架架腿上的固定螺旋，提起三脚架架头，使其高度在观测者胸部附近，张开脚架，并通过眼睛观察，使架头水平、架头中心大致对准测站点，将三脚架的脚尖踩入土中。

2）从箱中取出经纬仪安置于架头上，旋紧连接螺旋，按住电源键开机，之后按住 左/右 键 3 秒钟以上，打开激光对中点。

3）双手握住三脚架两条架腿，前后左右移动架腿，使激光点准确对准测站点中心。

4）伸缩三脚架的两条或三条架腿，使圆水准气泡居中。

5）旋转照准部，使水准管平行于任一对脚螺旋，如图 2-5a 所示。转动这两个脚螺旋，使管水准气泡居中。

6）将照准部旋转 90°，转动第三个脚螺旋，使管水准气泡居中，如图 2-5b 所示。

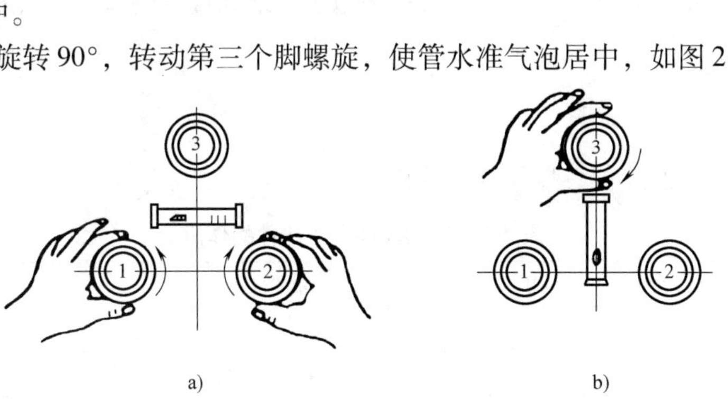

图 2-5　经纬仪调平方法

7）查看激光点是否在测站点上，如果不在则应松开连接螺旋，在架头上平移仪器，使激光点再次精确对准测站点。

8）重复步骤5）～7），直到对中误差在1mm以内，调平误差小于一格，电子激光经纬仪的安置即完成。

2. 瞄准目标的步骤

1）目镜调焦：将望远镜对向明亮背景，转动目镜调焦螺旋，使十字丝成像清晰。

2）粗略瞄准：松开照准部制动螺旋与望远镜制动螺旋，转动照准部与望远镜，利用粗瞄准器内的三角形标志的顶尖瞄准目标点，照准时眼睛与瞄准器之间应保留有一定距离，然后旋紧制动螺旋。

3）物镜调焦：转动位于镜筒上的物镜调焦螺旋，使目标成像清晰并检查有无视差存在，如果发现有视差存在，应重新进行对光，直至消除视差。

4）精确瞄准：旋转微动螺旋，使十字丝准确对准目标。观测水平角时，应尽量瞄准目标的基部，当目标宽于十字丝双丝距时，宜用单丝平分，如图2-6a所示；目标窄于双丝距时，宜用双丝夹住，如图2-6b所示；观测竖直角时，用十字丝横丝的中心部分对准目标位，如图2-6c所示。

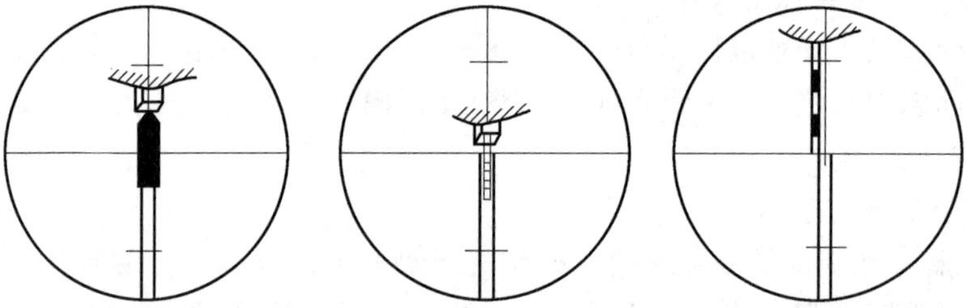

a)　　b)　　c)

图2-6　瞄准目标

3. 读数

直接读取显示屏上的测量数据即可。

三、任务实施

按照情境二任务一工单中的“经纬仪在平地、坡地和楼梯的调平”完成本任务的实施。

四、课后练习

（一）填空题

1. 完成表2-3中经纬仪各操作部件的作用。

表2-3　经纬仪各操作部件的作用

操作部件	作用	操作部件	作用
长水准器		物镜调焦螺旋	
水平制定螺旋		目镜调焦螺旋	
垂直微动螺旋		脚螺旋	

2. 经纬仪的安置包括________→________→________→________。

3. 转动脚螺旋时要用“气泡移动的方向与________拇指的旋转方向一致”的原则进行。

（二）选择题

1. 用经纬仪照准同一个竖直面内不同高度的地面的点，在水平度盘上的读数是否一样。（　　）

A. 不一样　　B. 一样　　C. 不一定

2. 用经纬仪测定水平角时，应尽量瞄准目标的（　　）。

A. 顶部　　B. 中部　　C. 任何地方都可以　　D. 底部

3. 按住“左/右”功能键3秒以上，则（　　）。

A. 水平左、右切换　　B. 打开对中激光点

C. 切换第二功能键　　D. 无任何反应

（三）问答题

1. 经纬仪上有哪些制动螺旋和微动螺旋？各起什么作用？如何正确使用？

2. 经纬仪安置操作为什么比水准仪的复杂？

3. 如何使用经纬仪精确瞄准目标？

任务二　运用经纬仪测定坐标方位

一、任务描述

本任务通过运用经纬仪测量指定的水平角、竖直角，计算方位角，初步掌握使用经纬仪测定坐标方位的方法。

二、相关知识

（一）角度测量

1. 角度的概念

（1）水平角的概念　地面上某点（即测站点）到两目标方向的连线所夹的角垂直投影

在水平面上，该角称为水平角。水平角常用符号 β 表示，β 的取值范围是 0°～360°。如图 2-7 所示，A、B、O 为地面上的任意点，沿 OA 和 OB 各作一垂直面，并把 OA 和 OB 分别投影到水平投影面上，其投影线 O_1A_1 和 O_1B_1 的夹角 $\angle A_1O_1B_1$，就是 $\angle AOB$ 的水平角。

（2）竖直角的概念　在同一竖直面内，望远镜瞄准目标点的视线和水平线之间的夹角称为竖直角或垂直角。竖直角常用 α 表示，α 的取值范围是 0°～±90°。视线在水平线之上称为仰角，符号为正；视线在水平线之下称为俯角，符号为负，如图 2-8 所示。

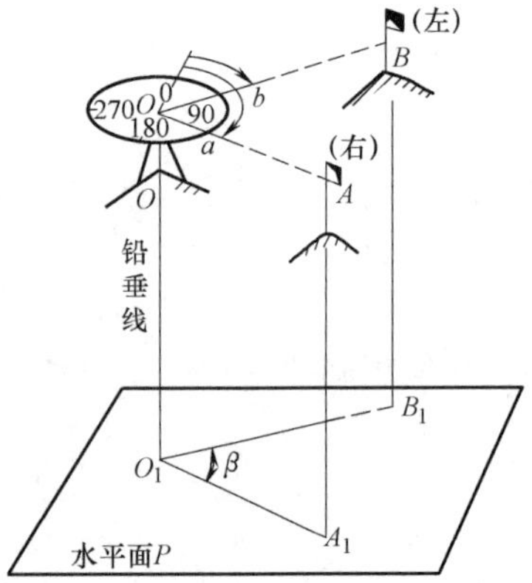

图 2-7　水平角

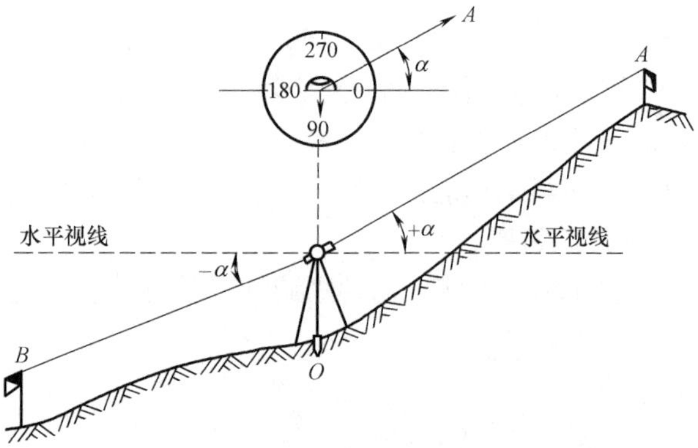

图 2-8　竖直角

2. 测量方法及计算公式

在角度观测中，为避免错误并提高测角精度，一般要用盘左和盘右两个位置进行观测。当观测者面对望远镜的目镜，竖盘在望远镜的左边时称为盘左位置，又称正镜；竖盘在望远镜的右边时称为盘右位置，又称倒镜。

（1）水平角测量方法——测回法　测回法适用于观测两个方向线之间的夹角。如图 2-9 所示，设 O 点为测站点，A、B 为观测目标，用测回法观测 OA、OB 两方向之间的水平角 β。

具体操作步骤如下：

1）在 O 点架设电子激光经纬仪，对中调平后在 A、B 两点竖立测钎或测杆。

2）将仪器置于盘左位置，精确照准左方目标 A 点底部，按 置零 功能键两次，读取水平度盘读数为 $a_{左}$，如图 2-10 所示。

图 2-9　测回法观测

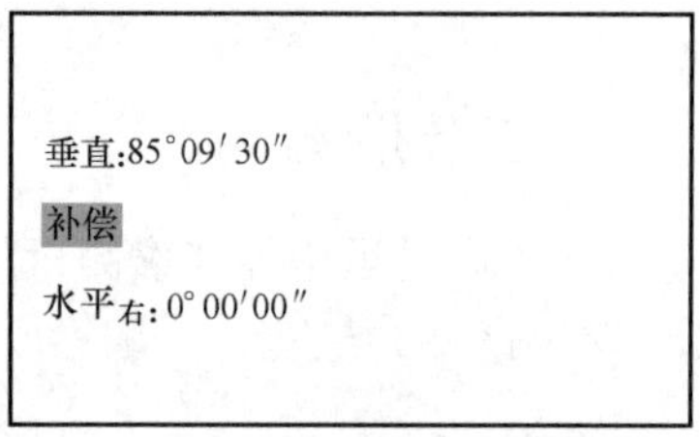

图 2-10　测回法盘左 A 点置零

3）转动照准部照准右方目标 B 点底部，读取水平度盘读数为 $b_{左}$，如图 2-11 所示。

4）计算盘左水平角，其观测角值为

$$\beta_{左} = b_{左} - a_{左} = 12°25'48''$$

5）将仪器置于盘右位置，精确照准右方目标 B 点底部，读取水平度盘读数为 $b_{右}$，如图 2-12 所示。

6）转动照准部照准左方目标 A 点底部，读取水平度盘读数为 $a_{右}$，如图 2-13 所示。

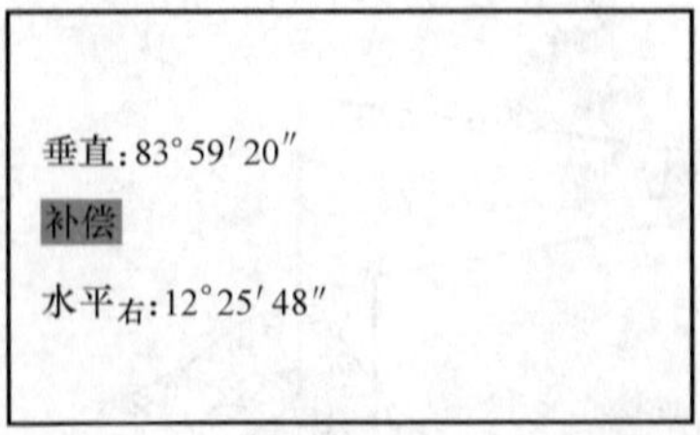

图 2-11　测回法盘左 B 点读数

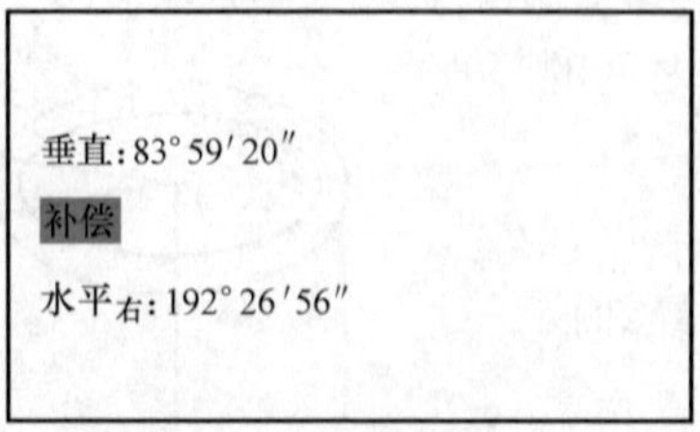

图 2-12　测回法盘右 B 点读数

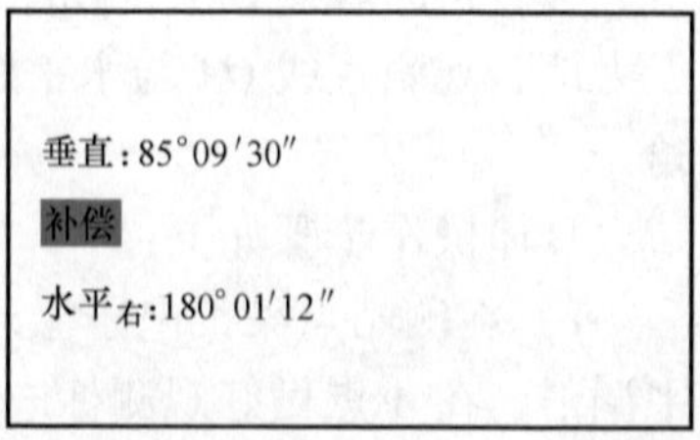

图 2-13　测回法盘右 A 点读数

7）计算盘右水平角，其观测角值为

$$\beta_{右} = b_{右} - a_{右} = 192°26'56'' - 180°01'12'' = 12°25'44''$$

8）上、下半测回合起来称为一测回，上、下半测回角值之差不超过 40″时，可取其平均值作为一测回的角值，即

$$\beta = \frac{1}{2}(\beta_{左} + \beta_{右}) = \frac{1}{2}(12°25'48'' + 12°25'44'') = 12°25'46''$$

9）将 1）~8）中的数据填入表 2-4。

表 2-4　测回法测角记录表

测站	盘位	目标	水平度盘读数	水平角		备注
				半测回角	测回角	
O	左	A	0°00′00″	12°25′48″	12°25′46″	
		B	12°25′48″			
	右	B	192°26′56″	12°25′44″		
		A	180°01′12″			

（2）竖直角测量方法　经纬仪的注记有全圆顺时针方向注记和全圆逆时针方向注记两种形式，竖盘注记形式不同，则竖直角的计算公式也不同。具体的规定如下：在观测竖直角之前，让望远镜大致水平，观察望远镜在水平时竖盘的读数，然后慢慢向上扬起望远镜，观测竖盘读数是增加还是减少。

若读数增加，则竖直角的计算公式为

$$\alpha_{左} = \text{瞄准目标时竖盘读数} - \text{视线水平时竖盘读数}$$

$$\alpha_{右} = \text{视线水平时竖盘读数} - \text{瞄准目标时竖盘读数}$$

若读数减少，则竖直角的计算公式为

$$\alpha_{左} = \text{视线水平时竖盘读数} - \text{瞄准目标时竖盘读数}$$

$$\alpha_{右} = \text{瞄准目标时竖盘读数} - \text{视线水平时竖盘读数}$$

但逆时针方向注记的仪器已很少见，在此不做介绍。北京三鼎仪器公司生产的 DT 电子激光经纬仪竖盘是全圆顺时针方向注记，竖直角的计算公式为

$$\alpha_{左} = 90° - L$$

$$\alpha_{右} = R - 270°$$

$$\alpha = \frac{1}{2}(\alpha_{左} + \alpha_{右})$$

竖直角的观测方法，如图 2-14 所示。设 O 点为仪器中心点，A、B 点为观测目标，以 A 点为例，观测直线 OA 与水平线之间的竖直角 α。

具体操作步骤如下：

1）在测站点架设电子激光经纬仪，对中调平，在 A 点做好观测标志。

2）将仪器置于盘左位置，用十字丝横丝精确照准目标 A 点顶端，读取竖盘读数为 L，如图 2-15 所示。

3）计算盘左竖直角，其观测角值为

$$\alpha_{左} = 90° - L = 90° - 73°29'38'' = 16°30'22''$$

4）将仪器置于盘右位置，用十字丝横丝卡准目标 A 点的固定位置顶部，读取水平度盘读数为 R，如图 2-16 所示。

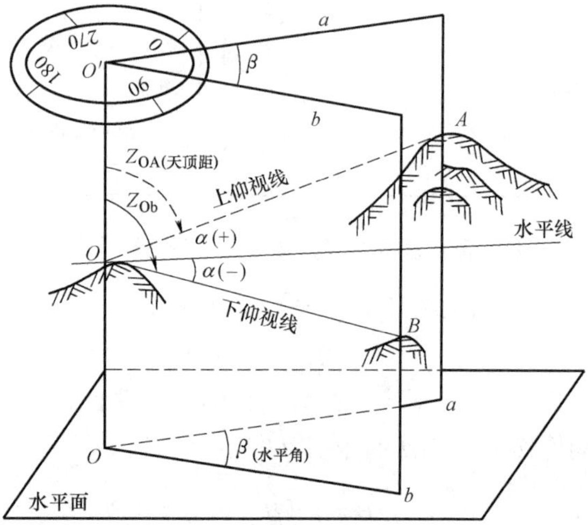

图 2-14　竖直角观测

5）计算盘右竖直角，其观测角值为

$$\alpha_{右} = R - 270° = 286°31'02'' - 270° = 16°31'02''$$

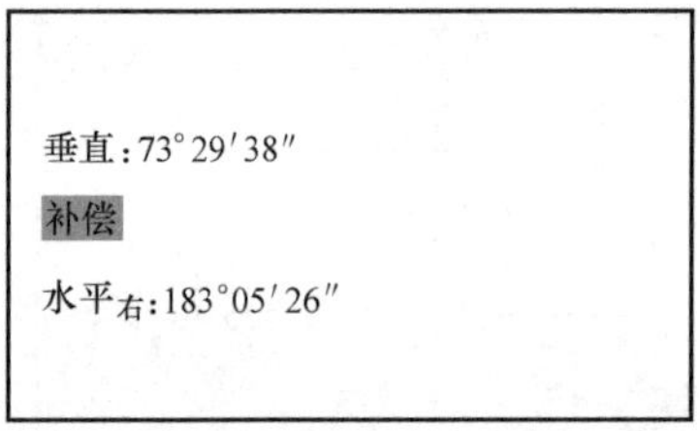

图 2-15　竖直角测量盘左 A 点读数

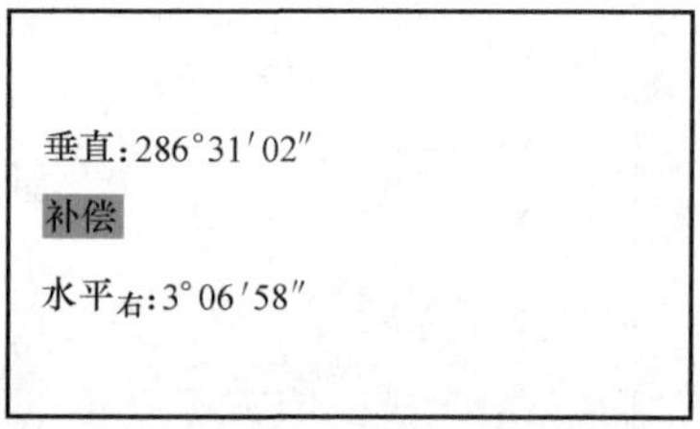

图 2-16　竖直角测量盘右 A 点读数

6）上、下半测回合起来称为一测回，取上、下半测回角值平均值作为一测回的角值，即

$$\alpha = \frac{1}{2}(\alpha_{左} + \alpha_{右}) = \frac{1}{2}(16°30'22'' + 16°31'02'') = 16°30'42''$$

7）将 1）~6）中的数据填入表 2-5。

表 2-5　竖直角观测记录表

测站	目标	盘位	竖盘读数	半测回竖直角	一测回竖直角	备注
B	A	左	73°29′38″	16°30′22″	16°30′42″	
		右	286°31′02″	16°31′02″		

3. 角度测量误差分析

角度测量的误差主要来源于仪器误差、人为操作误差以及外界条件的影响等几个方面。

因此，必须认真分析这些误差，找出消除或减小误差的方法，从而提高观测精度。

（1）仪器与工具误差

1）仪器制造加工不完善所引起的误差。

2）仪器校正不完善所引起的误差。

（2）施测人员人为误差

1）对中误差。

2）整平误差。

3）目标偏心误差。

4）瞄准误差。

（3）外界条件的影响　影响角度测量的外界因素有很多，大风、松土会影响仪器的稳定，地面辐射热会影响大气稳定而引起物像的跳动，空气的透明度会影响照准的精度，温度的变化会影响仪器的正常状态等。这些因素都会在不同程度上影响测角的精度，要想完全避免这些影响是不可能的，观测者只能采取措施及选择有利的观测条件和时间，使这些外界因素的影响降低到最小的程度，从而保证测角的精度。

（二）直线定向

确定地面上两点之间的相对位置，除了需要测定两点之间的水平距离外，还需确定两点所连直线的方向。一条直线的方向，是根据某一标准方向来确定的。确定直线与标准方向之间的关系，称为直线定向。

1. 标准方向

（1）真子午线方向　通过地球表面某点的真子午线的切线方向，称为该点的真子午线方向。真子午线方向可用天文测量方法测定。

（2）磁子午线方向　磁子午线方向是在地球磁场作用下，磁针在某点自由静止时其轴线所指的方向。磁子午线方向可用罗盘仪测定。

（3）坐标纵轴方向　坐标纵轴是平面直角坐标系中的 x 轴。坐标纵轴方向是通过地面某点与坐标纵轴平行的方向，简称轴北方向。

2. 方位角

测量工作中，常采用方位角表示直线的方向。从直线起点的标准方向北端起，顺时针方向量至该直线的水平夹角，称为该直线的方位角。方位角的取值范围是 0°～360°。标准方向有真子午线方向、磁子午线方向和坐标纵轴方向之分，对应的方位角分别称为真方位角（用 A 表示）、磁方位角（用 A_m 表示）和坐标方位角（用 α 表示）。三种方位角的关系如图 2-17 所示。建筑工程施工现场主要使用坐标方位角 α。

3. 坐标方位角的推算

（1）正、反坐标方位角　如图 2-18 所示，以 A 为起点、B 为终点的直线 AB 的坐标方位角 α_{AB}，称为直线 AB 的坐标方位角。而直线 BA 的坐标方位角 α_{BA}，称为直线 AB 的反坐标方位角。由图 2-18 中可以看出正、反坐标方位角间的关系为

$$\alpha_{正} = \alpha_{反} \pm 180°$$

如果结果超过 360°，就减去 360°。

（2）坐标方位角的推算　在实际工作中并不需要测定每条直线的坐标方位角，而是通过与已知坐标方位角的直线连测后，推算出各直线的坐标方位角。如图 2-19 所示，沿直线

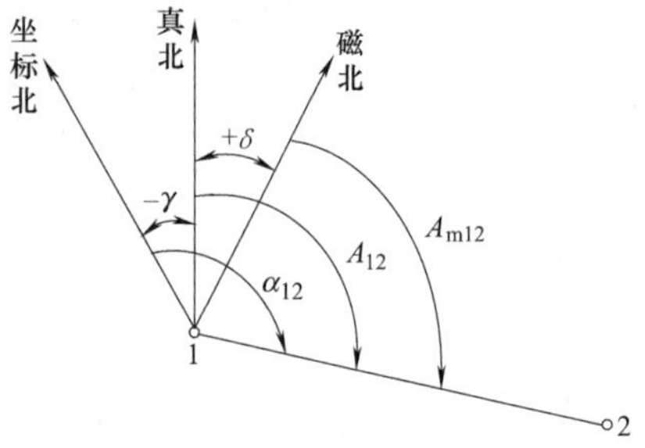

图 2-17　三种方位角之间的关系

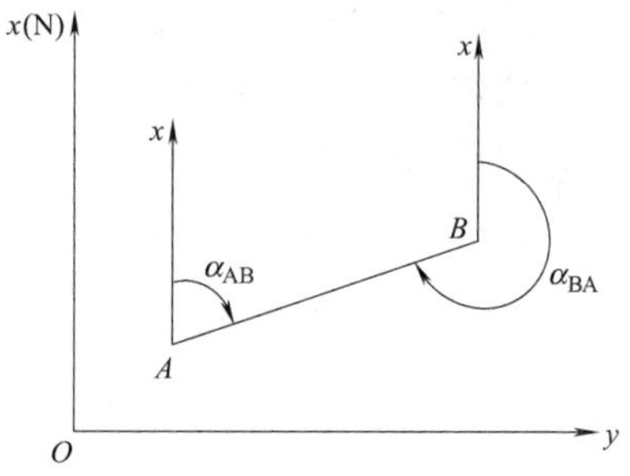

图 2-18　正、反坐标方位角

$A \to B \to C \to D$ 方向前进，右侧的水平角 β_2 叫右角，左侧的水平角 β_3 叫左角。已知直线 AB 的坐标方位角 α_{AB}，观测了右角 β_2 和左角 β_3，要求推算直线 BC 和直线 CD 的坐标方位角。

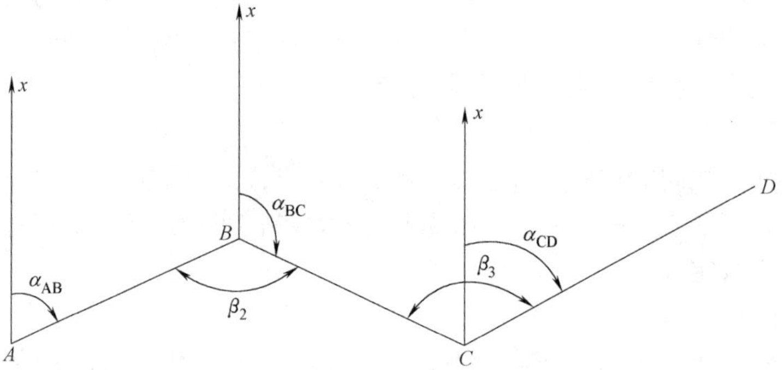

图 2-19　坐标方位角的推算

由图可以看出

$$\alpha_{BC} = \alpha_{BA} - \beta_2 = \alpha_{AB} + 180° - \beta_2$$

$$\alpha_{CD} = \alpha_{CB} + \beta_3 = \alpha_{BC} + 180° + \beta_3$$

从而可归纳出推算坐标方位角的一般公式为

$$\alpha_{前} = \alpha_{后} + 180° + \beta_{左}$$

$$\alpha_{前} = \alpha_{后} + 180° - \beta_{右}$$

计算中，如果 $\alpha_{前} > 360°$，应自动减去 360°；如果 $\alpha_{前} < 0°$，则自动加上 360°。

（三）用经纬仪、全站仪按照施工图样进行测量放样并用墨斗定线

建筑施工放线是施工管理人员的基本技能之一。每项建筑工程施工开始就是施工定位放线，它关系到整个工程的成败。由于放线错误造成房屋错位而不能满足功能设施要求的现象屡见不鲜，因此施工放线是保证工程质量至关重要的一环。

进行放线测量之前，要检查仪器，检查所给的导线点和高程点，然后审图，把给出的坐标和高程复合一遍，对准后视后进行回测。

控制测量放线要注意优先采用附合导线、闭合导线，最后是支导线观测，优先采用前两者是因为能够计算观测精度。

1. 经纬仪（全站仪）测量放线程序

（1）建筑物定位　建筑物定位放线是房屋建筑工程开工后的第一次放线，建筑物定位参加的人员是：城市规划部门（下属的测量队）及施工单位的测量人员（专业的）。根据建筑规划定位图进行定位，最后在施工现场形成（至少）4 个定位桩。放线工具为“全站仪”或“比较高级的经纬仪”。

（2）基础施工放线　建筑物定位桩设定后，由施工单位的专业测量人员、施工现场负责人及监理共同对基础工程进行放线及测量复核（监理人员主要是旁站监督、验证），最后放出所有建筑物轴线的定位桩（根据建筑物大小也可轴线间隔放线）。所有轴线定位桩是根据规划部门的定位桩（至少 4 个）及建筑物底层施工平面图进行放线。放线工具为“经纬仪”。

基础定位放线完成后，由施工现场的测量员及施工员依据定位的轴线放出基础的边线，进行基础开挖。放线工具为：经纬仪、龙门板、线绳、线坠子、钢卷尺等。

注意：基础轴线定位桩在基础放线的同时须引到拟建建筑物周围的永久建筑物或固定物上，防止轴线定位桩被破坏而用来补救。

（3）主体施工放线　基础工程施工出正负零后，紧接着就是主体一层、二层直至主体封顶的施工及放线工作。放线工具为：经纬仪、线坠子、线绳、墨斗、钢卷尺等。根据轴线定位桩及外引的轴线基准线进行施工放线。用经纬仪将轴线打到建筑物上，在建筑物的施工层面上弹出轴线，再根据轴线放出柱子、墙体等边线等，每层如此，直至主体封顶。

2. 一般建筑物放线方法

（1）直角（垂线）做法　放垂直线或直角是施工放线最基本的方法，每个工程要用无数次，在放线时应根据实际情况采用才能速度快、效率高。

（2）勾股定理　它适合 20m 以内的定位放线，是最简单方便的手工放线，如独立柱基础框边及轻短的建筑物轴线。若延长线过长，则造成误差较大。

（3）等腰三角形法　已知一条直线段做垂线段，用此方法可准确、快捷地做出垂直线。

（4）工具法　根据建筑物的平面图，制作出直角三角形、矩形、圆形框，在放线时找到轴线套上模型可非常快捷、精确地弹出柱脚边线及其他边线。

（5）经纬仪放线　建筑物长超过 20m，必须采用经纬仪放线，其优点是精确，缺点是速度慢，要搬动仪器定垂直线，转角时容易出错，故每一平面放线时必须做一个闭合差计算。

3. 实例讲解施工放线步骤

已知一民用建筑建施平面图，请照图施工放线，包括轴线、内外墙边线、门窗洞口线，如图 2-20 所示。

放线步骤：

1）先放四大轴线①③ⒶⒸ。

2）次放内墙轴线②Ⓑ。

3）再放内外墙边线。

4）最后放门窗洞口线。

三、任务实施

按照情境二任务二工单中的“运用经纬仪测量指定的水平角、竖直角，计算方位角”完成本任务的实施。

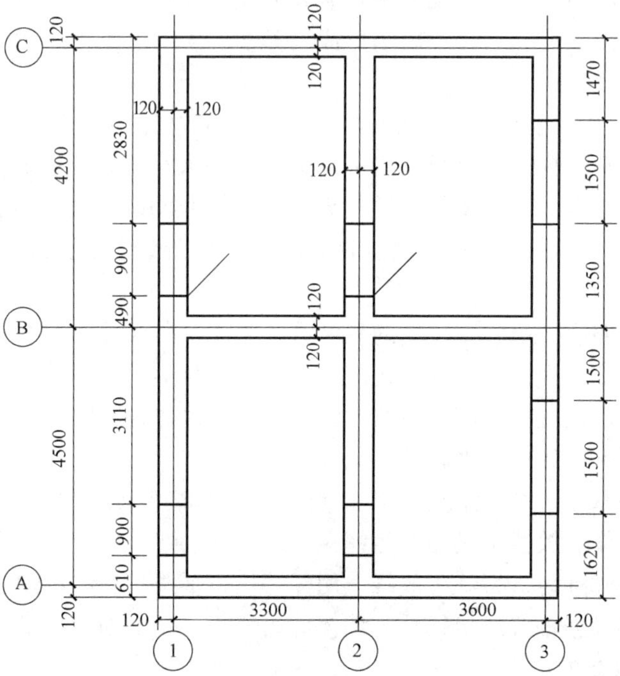

图 2-20　民用建筑建施图

四、课后练习

（一）填空题

1. 在同一竖直面内，根据望远镜视线与水平线的关系，可将竖直角分为________角和________角。

2. 经纬仪采用测回法测定水平角时，上、下半测回角值之差绝对值应不超过________。

3. 确定一条直线与__________称为直线定向。

（二）选择题

1. （　　）是望远镜视线方向与水平线的夹角。

A. 水平角　　B. 竖直角　　C. 方位角　　D. 象限角

2. 利用经纬仪测量竖直角时，盘左位置抬高望远镜的物镜，若竖直度盘的读数逐渐增大，则下列竖直角的计算公式正确的是（　　）。

A. $a_{左}=L-90°$　$a_{右}=270°-R$　　B. $a_{左}=90°-L$　$a_{右}=R-270°$

C. $a_{左}=L-90°$　$a_{右}=R-270°$　　D. $a_{左}=L-90°$　$a_{右}=R-180°$

3. 测量工作中，常用（　　）来表示直线的方向。

A. 水平角　　B. 方位角　　C. 竖直角

（三）问答题

1. 为了计算方便，观测水平角时，要使某一起始方向的水平度盘读数为0°00′00″，应如何进行操作？

2. 在水平角的观测过程中，盘左、盘右照准同一目标时，是否要照准目标的同一高度？为什么？

3. 标准方向线的种类有哪些？它们是如何定义的？

情境三　运用花杆和钢尺测量线路距离

能力目标

1. 了解常用的测距工具。
2. 理解直线定线的方法和原理，并能定线。
3. 利用钢尺进行一般测距。
4. 利用经纬仪、全站仪进行距离测量。

任务一　学习距离测量的基础知识与视距法测距

一、任务描述

本任务通过使用水准仪、经纬仪视距法量距，掌握视距法测距的基础知识和操作。

二、相关知识

根据前面的知识，我们知道，地面点的空间位置是以地面点在投影平面上的坐标（x，y，H）决定的。但是在实际测量中 x，y 和 H 值并非直接测定，而是通过测量点位之间的水平距离（D）、水平角（β）和高差（h）这三个基本量，再通过一定的计算程序推算出点的坐标 x、y 和高程 H 值。由此可见，水平距离、水平角和高程是确定地面点位的三个基本要素。水平距离、水平角和高程测量是测量的三个基本工作。所谓距离是指两点间的水平长度。如果测得的是倾斜距离，还必须改算为水平距离。

丈量距离的方法很多，钢尺量距、视距测量、光电测距和 GPS 测量等。本书主要介绍三种常用的测距方法：钢尺量距、视距测量和光电测距。

（一）钢尺量距

钢尺量距是用钢尺沿地面丈量距离。钢尺量距分一般方法和精密量距法。一般方法采用标杆目测定线，分平坦地面与倾斜地面的量距。测量读数至 mm，一般采用往、返测量，求相对误差。精密量距法即采用经纬仪定线，经钢尺概量打下木桩。然后用经过检定的钢尺进行量距，每一尺段移动 3 次钢尺位置，得 3 个结果，3 次较差合乎要求后，取平均值，读数均至 mm。然后再进行返测，每条直线丈量次数，视不同要求按规范而定。每尺段均要进行尺长改正、温度改正、倾斜改正。

（二）视距法测距

视距测量是指利用经纬仪或水准仪望远镜中的视距丝及视距标尺按几何光学原理进行测距。

1. 水准仪或经纬仪测距原理

根据水准仪和经纬仪上丝、中丝和下丝，再放大与缩小比例的倍率，通过测量塔尺上下丝差距计算而来。

（1）视线水平时的视距测量（水准仪）　在平坦地面上，于 A 点安置水准仪，B 点立水准尺，读取上丝读数 b，下丝读数 a（图 3-1），则水平距离为

$$D = KL$$

式中　K——视距乘常数（取 100）；

L——上、下丝的间隔，$L = a - b$。

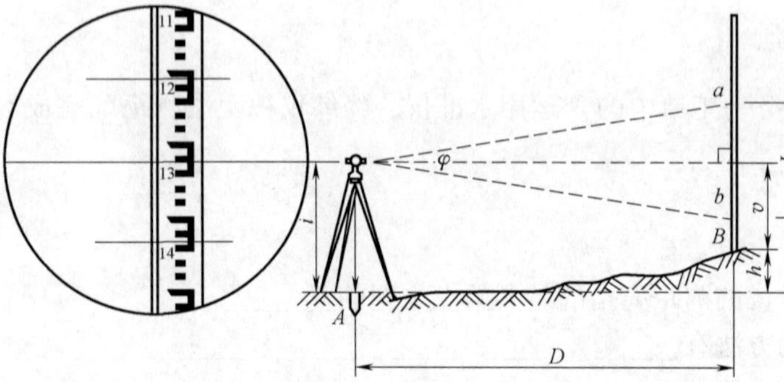

图 3-1　平地测量

（2）视线倾斜时的测量（经纬仪）　地面起伏较大时，于 A 点安置仪器，B 点立水准尺，瞄水准尺读上、中、下三丝读数分别为 a、v、b，盘左视线水平时的视距测量为：竖盘读数为 L，盘右竖盘读数为 R（图 3-2），则

$$D = Kl\sin^2 Z$$

$$h_{AB} = D/\tan Z + i - v$$

式中　l——上、下丝读数差；

i——仪器高；

v——中丝读数；

Z——天顶距，$Z = L - x$；

x——指标差，$x = 1/2(L + R - 360°00'00'')$。

（三）光电测距仪测距原理

光电测距是指通过测定光波在测线两端点往返传播的时间来反算出距离。

利用光速的光波，在 A 点安置测距仪，B 点安置反光镜，如图 3-3 所示。则 A、B 两点间的距离为

$$D = Ct/2$$

式中　C——光波的传递速度；

t——测距仪从发出到接收载波信号的时间。

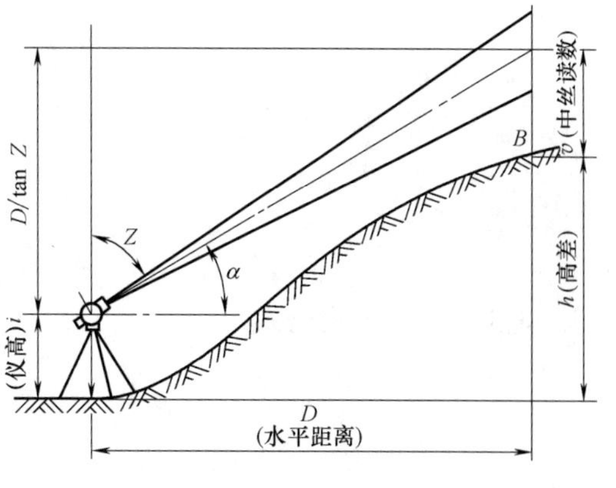

图 3-2　坡地测量

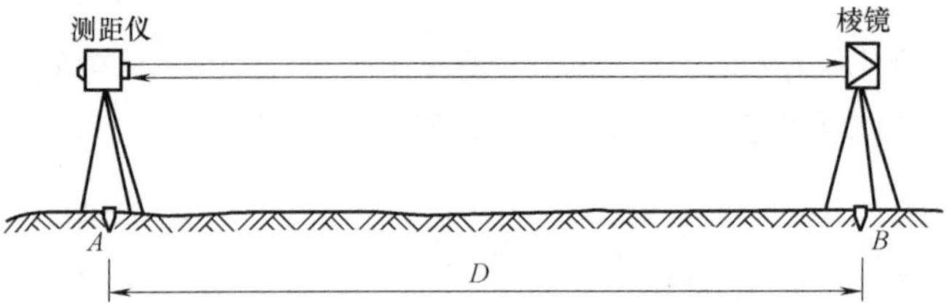

图 3-3　光电测距

三、任务实施

按照情境三任务一工单中的“运用水准仪、经纬仪视距法测距”完成本任务的实施。

四、课后练习

（一）填空题

1. 测量学中常说的测距离指的是测两点之间的____________。

2. 距离测量的方法有____________、____________、____________、____________等。

3. 视距法测距的原理是____。

（二）选择题

1. 测量的三项基本工作有（　　）。

A、测角度　　B. 测水平距离　　C. 测高差　　D. 测高程

2. 用视距法测量水平距离和高差时（仪器高已知），需要用经纬仪观测的数据是（　　）。

A. 上、下丝读数及竖盘读数　　B. 中丝读数及竖盘读数

C. 上、中、下丝读数　　D. 上、中、下丝读数及竖盘读数

3. 将经纬仪安置于 A 点，盘左，望远镜照准立在 B 点上的视距尺，下、上丝读数分别为 1.46、1.05，竖盘读数为 70°28′，则 AB 的距离为（　　）m。

A. 41　　B. 36.4　　C. 46.6　　D. 35.9

（三）问答题

1. 在一个测站上，视距测量应读取哪些读数？请写出视距测量的计算公式。

2. 试述水准仪测距公式。

3. 简述光电测距原理。

任务二　钢尺量距

一、任务描述

本任务通过运用花杆定线、卷尺测量学校教学楼段道路的距离，初步掌握钢尺量距的方法。

二、相关知识

钢尺量距方便、直接，且使用的工具成本低，在建筑工程施工过程中应用最为广泛。钢尺距离测量的工作包括定线和测距两项工作。按照测量地形和测量精度的不同，定线包括目估定线和经纬仪定线，而量距则包括一般量距和精密量距。

（一）钢尺量距的工具

1. 钢尺

钢尺是钢制的带尺，常用钢尺宽10mm，厚0.2mm，长度有20m、30m及50m几种，卷放在圆形盒内或金属架上。钢尺的基本分划为厘米，在每米及每分米处有数字注记。

由于尺的零点位置的不同，有端点尺和刻线尺的区别，如图3-4所示。

1）刻线尺是以尺前端的一刻线作为尺的零点，如图3-4a所示。

2）端点尺是以尺的最外端作为尺的零点，当从建筑物墙边开始丈量时使用很方便。如图3-4b所示。

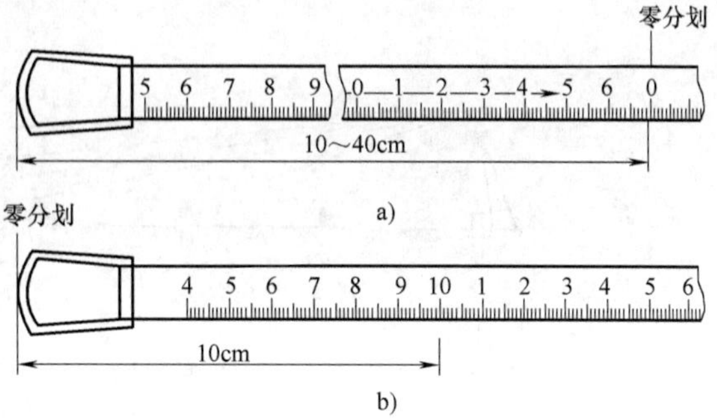

图3-4　钢尺

a）端点尺　b）刻线尺

2. 标杆

标杆长2～3m，直径3～4cm，杆上涂以20cm间隔的红、白漆，以便远处清晰可见，用于标定直线。

3. 测钎

测钎用粗铁丝制成，用来标志所量尺段的起、终点和计算已量过的整尺段数。测钎一组为6根或11根。

4. 垂球

垂球的作用主要是用来投点。

5. 弹簧秤和温度计

弹簧秤和温度计主要用来控制拉力和测定温度。

（二）钢尺量距原理

钢尺量距是指用标杆或经纬仪进行定线，通过钢尺直接丈量。短距离的直线丈量可以通过钢尺直接丈量，而长距离或者高低起伏的距离丈量就需要借用标杆或经纬仪进行直线定向，把相对较长的距离分成若干个相对较短的距离，再用钢尺进行直接丈量。

（三）钢尺量距定线

当两个地面点之间的距离较长或地势起伏较大时，为使量距工作方便起见，可分成几段进行丈量。这种把多根标杆标定在已知直线上的工作称为直线定线。钢尺量距定线有目估法和仪器法两种。

1. 目估定线操作步骤

在 *A*、*B* 两点竖立标杆，测量员甲站在 *A* 点标杆后，瞄准 *B* 点标杆，并指挥测量员乙在略小于一整尺段处左右移动标杆，直至 *A* 点、2 点、*B* 点三个标杆位于同一直线上，如图 3-5 所示。同理可以定出其余点。直线定线一般由远到近逐步进行。

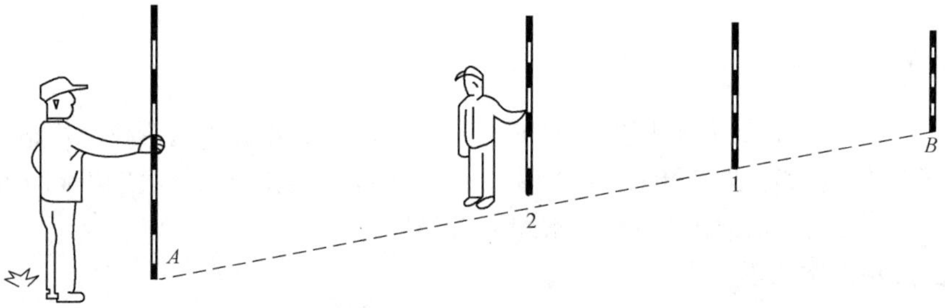

图 3-5　目估法定线

2. 仪器定线操作步骤

欲精密丈量直线 *AB* 的距离，则需经过经纬仪定线然后进行施测，如图 3-6 所示。

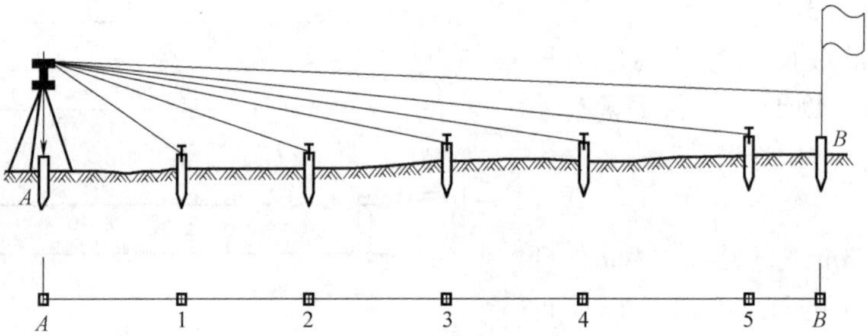

图 3-6　仪器法定线

1）*A*、*B* 两点相互通视，清除直线上的障碍物，然后甲安置经纬仪于 *A* 点上，用望远镜竖丝瞄准 *B* 点。

2）制动望远镜照准部，上下转动望远镜，指挥助手乙左右移动测钎，直到测钎底部被望远镜竖丝平分。相邻两根测钎的距离要小于钢尺的总长。

3）同样的方法定出直线上的其他点。

（四）一般量距步骤

1. 平地丈量距离

丈量工作一般由两人进行。丈量前，先将待测距离的两个端点 *A*、*B* 标出来，然后在端点的延长线各立一标杆，清除直线上的障碍物后，即可开始丈量。

1）施测员甲手持尺的零端位于 A 点，并在 A 点上插一测钎。

2）施测员乙持尺的末端并携带测钎，沿 AB 方向前进，行至一尺段处停下。

3）施测员甲以手势指挥施测员乙将钢尺拉在 AB 直线方向上。当两人同时把钢尺拉紧、拉平和拉稳后，施测员乙在尺的末端刻线处竖直地插下一测钎，得到点 1。

4）施测员甲拔起 A 点上的测钎与施测员乙共同举尺前进，同法量点 2。

5）施测员乙将尺上某一整数分划线对准 B 点，由施测员甲对准 n 点在尺上读出读数，两数相减，即可求得不足一尺段的余长。A、B 间的水平距离为

$$D = nL + q$$

式中　L——整尺段长度；

n——整尺段数；

q——末段长。

2. 倾斜地面的距离丈量

倾斜地面根据地面情况的不同，可分为平量法和斜量法。当地势起伏不大时，可将钢尺拉平丈量，称为平量法；当倾斜地面的坡度均匀时，可以沿着斜坡丈量，称为斜量法。

（1）平量法　沿倾斜地面丈量距离，当地势起伏不大时，可将钢尺拉平丈量，丈量由 A 向 B 进行。甲立于 A 点，指挥乙将尺拉在 AB 方向线上，如图 3-7 所示。甲将尺的零端对准 A 点，乙将尺子抬高，并且目估使尺子水平，然后用垂球尖将尺段的末端投于地面上，再插以插钎。若地面倾斜较大，将钢尺抬平有困难时，可将一尺段分成几段来平量。

（2）斜量法　当倾斜地面的坡度均匀时，可以沿着斜坡丈量出 AB 的斜距 L，测出地面倾斜角，然后计算 AB 的水平距离 $D_{AB} = \sqrt{L^2 - h^2}$，如图 3-8 所示。

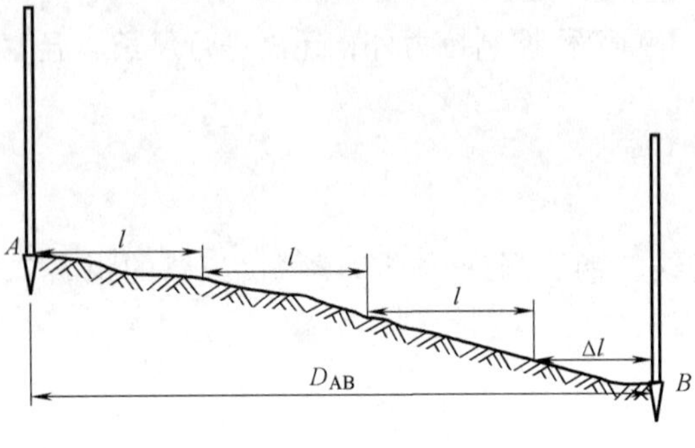

图 3-7　平量法

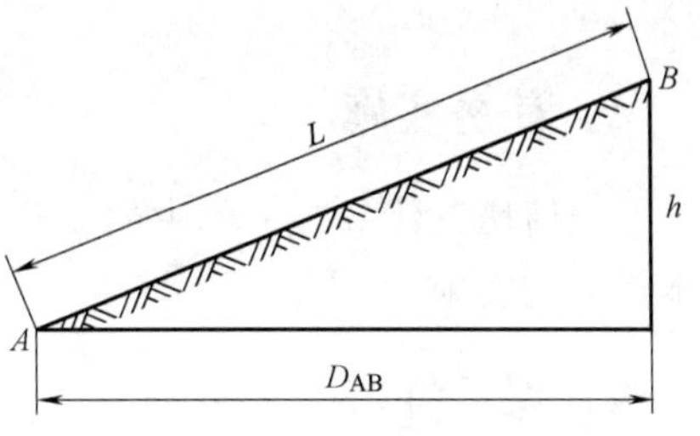

图 3-8　斜量法

3. 精度要求

为了防止丈量中发生错误及提高量距精度，距离要往、返丈量。上述为往测，返测时要重新进行定线，取往、返测距离的平均值作为丈量结果。量距精度以相对误差表示。相对误差为

$$\frac{|D_{往} - D_{返}|}{D_{平均}} = \frac{1}{K}$$

相对误差以分子为 1 的形式表示，分母越大，精度越高。

（五）钢尺量距的误差分析

1. 仪器与工具误差

在钢尺量距过程中，由于测量仪器与工具的精度与后期磨损，造成测量数据不真实等情

况，一般有尺长误差、温度误差、拉力误差等。

（1）尺长误差　钢尺的名义尺长与标准长不等所产生的误差称为尺长误差。尺长误差具有系统积累性，它与所量距离成正比。精密量距时，钢尺虽经检定并在丈量结果中进行了尺长改正，其成果中仍存在尺长误差。

钢尺必须经过检定以求得其尺长改正数。一般量距时可不作尺长改正。

（2）温度误差　由于用温度计测量温度，测定的是空气的温度，而不是尺本身的温度，在夏季阳光暴晒下，此两者温度之差可大于5℃。因此，量距宜在阴天进行，并要设法测定钢尺本身的温度。

（3）拉力误差　钢尺具有弹性，会因受拉而伸长。量距时，如果拉力不等于标准拉力，钢尺的长度就会产生变化。精密量距时，用弹簧秤控制标准拉力，一般量距时拉力要均匀，不要或大或小。

2. 施测人为误差

一般因为施测人员定线不直、插钎不准等人为原因造成的数据误差，称为人为误差。

（1）定线误差　量距时由于钢尺没有准确地安放在待测距离的直线方向上，所量的是折线而不是直线，从而造成量距结果偏大。

（2）反曲　在凹凸不平的地面量距时，凸起部分将使钢尺产生上凸。尺子不水平的误差现象，称为反曲。钢尺一般量距时，如果钢尺不水平，则使所量距离偏大。精密量距时，测出尺段两端点的高差，进行倾斜改正。用普通水准测量的方法是容易达到的。

（3）人为操作误差　人为操作误差包括钢尺刻划对点的误差、插测钎的误差及钢尺读数误差等。这些误差是由人的感官能力所限而产生的，误差有正有负，在丈量结果中可以互相抵消一部分，但仍是量距工作的一项主要误差来源。

综上所述，精密量距时，除经纬仪定线、用弹簧秤控制拉力外，还需进行尺长、温度和斜改正。

三、任务实施

按照情境三任务二工单中的“运用花杆定线、钢尺测量学校教学楼段道路的距离”完成本任务的实施。

四、课后练习

（一）填空题

1. 在倾斜地面进行丈量水平距离的方法有________法、________法。
2. 用目估法或者经纬仪法把许多点标定在一已知直线上的工作称为________。
3. 钢尺量距定线的方法有________、________。

（二）选择题

1. 丈量一段距离，往、返测分别为126.78m、126.68m，则相对误差为（　　）。

A. 1/1267　　B. 1/1200　　C. 1/1300　　D. 1/1167

2. 距离丈量中，哪种工具精度最低。（　　）

A. 钢尺　　B. 皮尺　　C. 百米绳

3. 距离丈量中衡量精度的方法是（　　）。

A. 往返较差　　B. 相对误差　　C. 闭合差

(三) 问答题

1. 简述用钢尺在平坦地面量距的步骤。

2. 钢尺量具误差产生的原因有哪些?

3. 今用同一钢尺丈量甲、乙两段距离，甲段距离的往、返测值分别为 126.782m、126.682m；乙段往、返测值分别为 356.231m、357.331m。两段距离、往返测量值的差数均为 0.100m，问甲乙两段距离丈量的精度是否相等？若不等，哪段距离丈量的精度高？为什么？

情境四　运用经纬仪或全站仪测量并计算未知点位坐标

能力目标

1. 了解测量仪器构造，正确操作经纬仪、全站仪（架设仪器、粗平、对光和照准、精平、读数）。

2. 运用角度测量原理，测量水平角并进行方位角换算。

3. 进行完整的导线测量。

任务一　运用经纬仪进行导线测量

一、任务描述

本任务通过使用经纬仪进行导线测量，并计算出未知点坐标，初步掌握导线测量的基础知识与操作。

二、相关知识

（一）小区域控制测量

一般情况下，在一个测站上测量整个测区的地形地貌并不现实，所以为了有效地限制误差的积累和传播，满足测图或施工的精度要求，在进行整个测区的碎步测量工作前，测量人员往往需要以较高的精度先测设少数与整个测区有关的点，而这些点就叫控制点。测定控制点位置的工作，称为控制测量。

测定控制点平面位置（x，y）的工作，称为平面控制测量。测定控制点高程（H）的工作，称为高程控制测量。在测区范围内选择若干有控制意义的点（称为控制点），按一定的规律和要求构成网状几何图形，称为控制网。

控制网按功能分为平面控制网（主要用于测量控制点的平面坐标）和高程控制网（主要用于测量控制点的高程）。按规模分为国家控制网、城市控制网和小地区控制网等。通常认为小于 $10km^2$ 范围内建立的控制网，称为小区域控制网。我们常见的建筑现场施工控制测量都属于小区域控制测量。

（二）导线测量基础知识

平面控制测量的目的是为了测得控制点的坐标（x，y），常用的方法有：导线测量、三角测量、交会法测量等。由于现如今测距仪器的普遍使用，测距更准确、快捷，故平面控制测量也多采用导线测量。

1. 导线的布设及技术要求

将测区内相邻控制点用直线连接而构成的折线图形，称为导线。构成导线的控制点，称为导线点。导线测量就是依次测定各导线边的长度和各转折角值，再根据起算数据，推算出各边的坐标方位角，从而求出各导线点的坐标。

导线测量是建立小地区平面控制网常用的一种方法，特别是在地物分布复杂的建筑区、视线障碍较多的隐蔽区和带状地区，多采用导线测量的方法。

（1）导线的布设形式　导线形式的选用和布设，主要考虑测区的形状和已知高级控制点的情况。

1）附合导线（图 4-1）。导线起始于一个已知控制点，而终止另一个已知控制点，适用于狭长地带，例如铁路、公路。导线图中双线表示已知边，单线表示导线边，已知边与导线边所夹的角叫连接角，导线边与导线边所夹的角叫转折角。如图 4-1 所示，$\angle A$ 与 $\angle C$ 为连接角，$\angle 1$ 与 $\angle 2$ 为转折角。

2）闭合导线（图 4-2）。由一个已知控制点出发，最后仍旧回到这一点，形成一个闭合多边形，适用于宽阔地区，无高级控制点的地区。

3）支导线（图 4-3）。从一个已知控制点出发，既不附合到另一个控制点，也不回到原来的始点。由于支导线没有检核条件，故一般只限于地形测量的图根导线中采用。

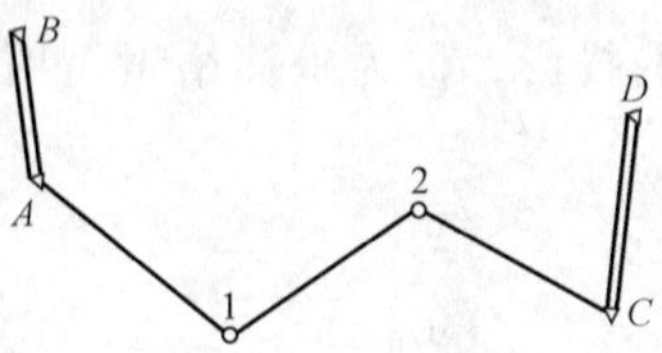

图 4-1　附合导线

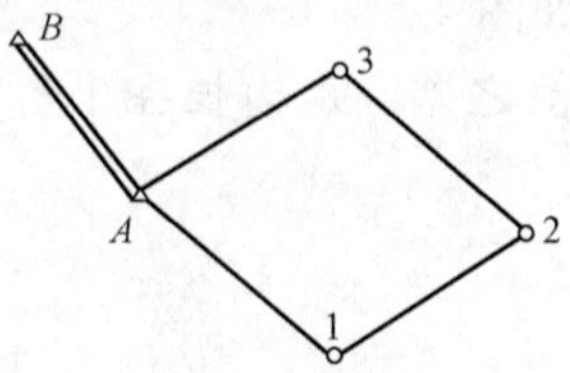

图 4-2　闭合导线

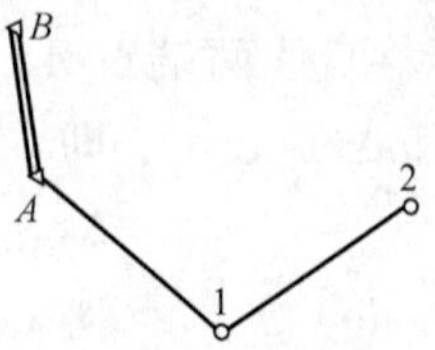

图 4-3　支导线

2. 导线测量的外业施测

（1）选点　选点原则：相邻导线点间应相互通视良好，便于测角和量距。点位应选在土质坚实，便于安置仪器和保存标志的地方。导线边长应大致相等，以便提高测角和测边精度。导线点应选在视野开阔的地方，便于碎部测量。导线点应有足够的密度，分布均匀，便于控制整个测区。

（2）测边　导线边长可用钢尺直接丈量，或用光电测距仪直接测定。当然有测距仪器时，首选仪器测距。

（3）测角　测量导线间的连接角和转折角，一般使用经纬仪或全站仪进行测回法观测。在附合导线中一般测左角；在闭合导线中，一般测内角；对于支导线，应分别观测左、右角。

3. 导线测量内业计算

导线测量内业计算的目的就是计算各导线点的平面坐标（x，y）。现以闭合导线测量为例讲解导线测量的内业计算。

如图 4-4 所示，已知数据：A 点坐标、$A1$ 的方位角。观测数据：连接角 β_0、转折角 β_1、β_2、β_3、β_4，导线 $A1$、12、23、34、$4A$ 的边长。

计算步骤：

1）将已知数据和实测数据填入计算表。

2）角度闭合差的计算和调整。角度闭合差 = 测量值 − 理论值

$$f_\beta = \sum\beta_{测} - (n-2)\times 180°$$

若角度闭合差$f_{\beta} \leqslant$角度闭合差允许差$f_{\beta允}$（$f_{\beta允}$取决于导线布设精度，可查有关规范得知），则测角合格，将闭合差按“反号，平均分配”原则，改正各观测角度。

3）用改正后角推算各边坐标方位角。由坐标方位角推算公式

$$\alpha_{前} = \alpha_{后} + 180° + \beta_{左}$$

$$\alpha_{前} = \alpha_{后} + 180° - \beta_{右}$$

可知

$$\alpha_{12} = \alpha_{A1} - \beta_1 + 180°$$

$$\alpha_{23} = \alpha_{12} - \beta_2 + 180°$$

$$\alpha_{34} = \alpha_{23} - \beta_3 + 180°$$

$$\alpha_{4A} = \alpha_{34} - \beta_4 + 180°$$

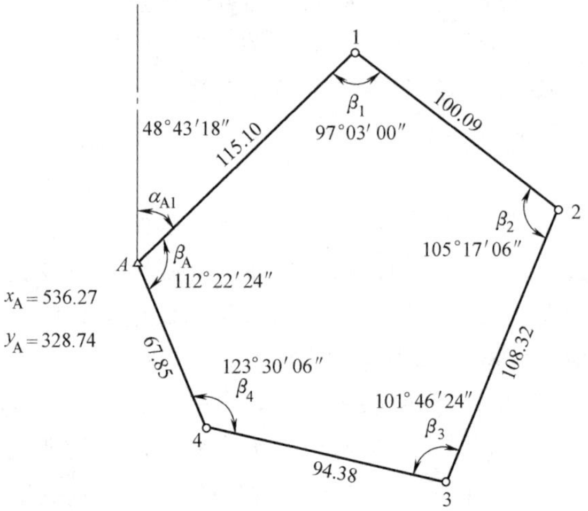

图 4-4　某闭合导线计算

4）坐标增量的计算及其闭合差的调整。A、B 两点坐标增量的计算，如图 4-5 所示。直线两端点 A、B 的坐标值之差，是边长在坐标轴上的投影，称为坐标增量，用Δx_{AB}和Δy_{AB}表示。即

$$\Delta x_{AB} = D_{AB}\cos\alpha_{AB}$$

$$\Delta y_{AB} = D_{AB}\sin\alpha_{AB}$$

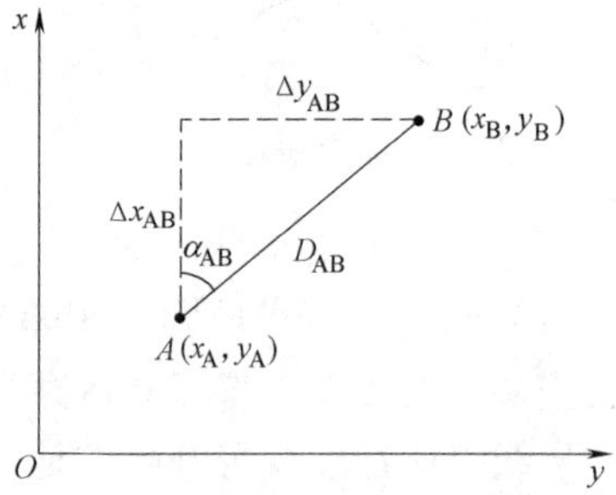

图 4-5　坐标增量的计算

对于闭合导线，坐标增量闭合差为

$$f_x = \Sigma \Delta x$$

$$f_y = \Sigma \Delta y$$

则导线全长闭合差为

$$f = \sqrt{f_x^2 + f_y^2}$$

导线全长相对闭合差为

$$T = \frac{f}{\sum D} = \frac{f}{\frac{\sum D}{f}}$$

若 $T \leqslant T_{允}$（$T_{允}$ 取决于导线布设精度，可查有关规范得知），则导线精度满足要求，进行坐标增量闭合差的调整，将坐标增量闭合差f_x、f_y 反号，按边长为比例分配到各导线边上，即增量改正值为

$$\delta\Delta x_i = -\frac{f_x}{\sum D}D_i$$

$$\delta\Delta y_i = -\frac{f_y}{\sum D}D_i$$

坐标增量计算值与改正数相加，即为改正后坐标增量。

5）计算导线点的坐标。由于 A 点的坐标已知，各边改正后的坐标增量也已经算出，即可求得未知点坐标。

$$x_1 = x_A + \Delta x_{A1}$$

$$y_1 = y_A + \Delta y_{A1}$$
$$x_2 = x_1 + \Delta x_{12}$$
$$y_2 = y_1 + \Delta y_{12}$$

同理，可以分别求出未知点 3、4 的坐标。

（三）高程控制测量

高程控制测量的目的是为了测得控制点的 H，常用的方法有：水准测量、三角高程测量等。

1. 水准测量

建筑施工场地的高程控制测量一般采用水准测量方法，应根据施工场地附近的国家或城市已知水准点，测定施工场地水准点的高程，为了便于检核和提高测量精度，施工场地高程控制网应布设成闭合或附合路线。水准测量方法在情境一中已经讲过，现不再赘述。

2. 三角高程控制测量

小区域地形测图或施工测量中，多采用三、四等水准测量作为高程控制测量的首级控制。水准测量方法测量控制点高程，虽然精度高，但在地形起伏大的地区或山区施测比较困难，另外受视线长度限制，测量速度较慢，三角高程测量是一种间接测高法，它不受地形起伏的限制，且施测速度较快。

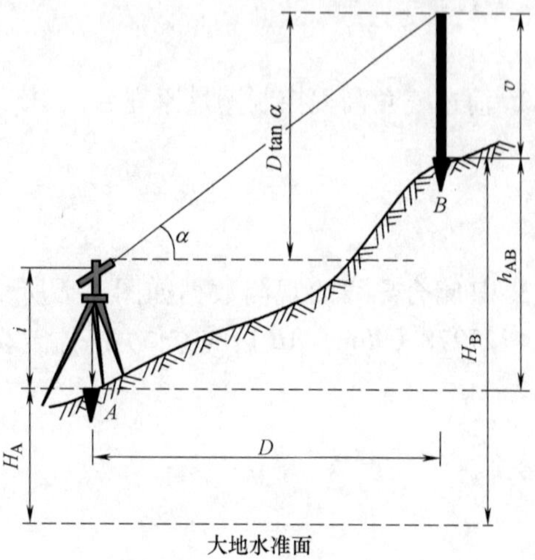

图 4-6　三角高程测量

三角高程测量是根据两点间的水平距离或斜距和竖直角，通过三角公式计算来获得两点间的高差，再求出待定点高程。如图4-6所示，设 A、B 为地面上高度不同的两个点。已知 A 点高程为 H_A，欲求 B 点高程 H_B。将仪器架设于 A 点，用中丝瞄准 B 点的目标，丈量仪器高 i、觇标高 v，观测竖直角 α 和平距 D。

则可求得高差 $$h_{AB} = D\tan\alpha + i - v$$

可得 B 点高程 $$H_B = H_A + h_{AB} = H_A + D\tan\alpha + i - v$$

这就是三角高程测量的基本公式，但它是以水平面为基准面和视线成直线为前提的。因此，只有当 A、B 两点间的距离很短时，才比较准确。当 A、B 两点距离较远时，就必须考虑地球弯曲和大气折光的影响了。

三、任务实施

按照情境四任务一工单中的“运用经纬仪进行导线测量，并计算出未知点位坐标”完成本任务的实施。

四、课后练习

（一）填空题

1. 控制测量包括__________和__________。

2. 闭合导线应满足$\sum \Delta x =$______________、$\sum \Delta y =$______________。

3. 导线测量的外业工作包括______、______、______。

（二）选择题

1. 坐标增量是相邻两点之间的坐标之（　　）。

A. 积　　B. 差　　C. 和

2. 导线转折角的测量一般采用（　　）观测。

A. 测回法　　B. 复测法　　C. 方向观测法

3. 对于丘陵地区或山区，可用（　　）方法测定控制点的高程。

A. 平面测量　　B. 控制测量　　C. 三角高程测量

（三）问答题

1. 在小区域控制测量中，导线的布设形式有哪几种，各适用于什么情况？

2. 简述三角高程控制测量原理。

3. 某闭合导线的观测数据如图4-7所示。已知B（1）点的坐标$X_{B(1)}=48311.264\text{m}$，$Y_{B(1)}=27278.095\text{m}$，$AB$边的方位角$\alpha_{AB}=226°44'50''$，请计算2、3、4、5、6点的坐标。

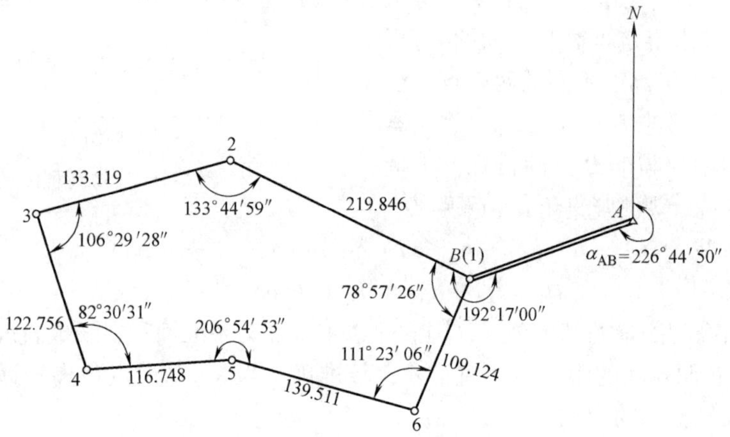

图4-7　某闭合导线的观测数据

任务二　运用全站仪程序测量并计算未知点位坐标

一、任务描述

本任务通过全站仪程序测量并计算未知点坐标，初步掌握全站仪测坐标的基础知识和操作。

二、相关知识

（一）南方 NTS—310 系列全站仪

1. 构部件认识

NTS—310 全站仪侧视图如图 4-8 所示。

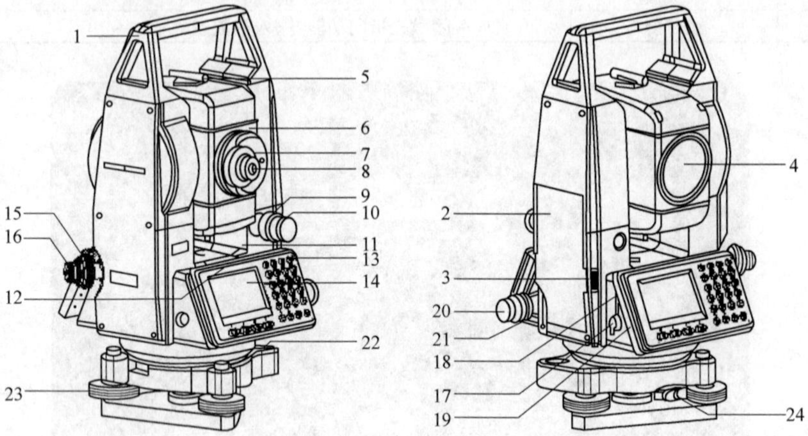

图 4-8　NTS—310 全站仪侧视图

1—手柄　2—电池盒　3—电池盒按钮　4—物镜　5—光学粗瞄器　6—物镜调焦螺旋　7—目镜调焦螺旋　8—目镜　9—望远镜制动螺旋　10—望远镜微调螺旋　11—管水准器　12—管水准器校正螺钉　13—电源开关键　14—显示窗　15—光学对中器物镜调焦螺旋　16—光学对中器目镜调焦螺旋　17—RS—232 通信口　18—USB 口　19—SD 卡插口　20—水平微动螺旋　21—水平制动螺旋　22—圆水准器　23—脚螺旋　24—轴套锁定钮

2. 全站仪基本设置与数字、字母键的操作方法

NTS—310 系列全站仪操作面板设置了 28 个键，如图 4-9 所示。各键的名称与功能见表 4-1。

表 4-1　NTS—310B 键盘的名称与功能

按键	名　称	功　能
ANG	角度测量键	进入角度测量模式
◺	距离测量键	进入距离测量模式
⌞	坐标测量键	进入坐标测量模式(▲上移键)
S. O	坐标放样键	进入坐标放样模式(▼下移键)
K1	快捷键 1	用户自定义快捷键 1(◀左移键)

（续）

按键	名　　称	功　　能
K2	快捷键 2	用户自定义快捷键 2（▶右移键）
ESC	退出键	返回上一级状态或返回测量模式
ENT	回车键	对所做操作进行确认
M	菜单键	进入菜单模式
T	转换键	测距模式转换
★	星键	进入星键模式或直接开启背景光
⏻	电源开关键	电源开关
F1—F4	软键（功能键）	对应于显示的软键信息
0—9	数字字母键盘	输入数字和字母
-	负号键	输入负号，开启电子气泡功能
.	点号键	开启或关闭激光指向功能、输入小数点

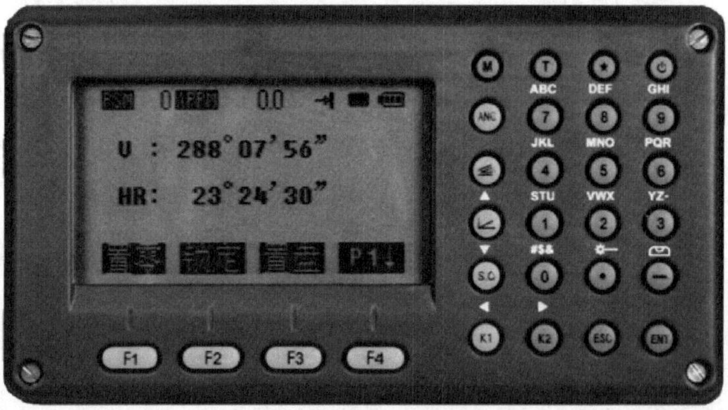

图 4-9　NTS—310 系列全站仪操作面板

（二）全站仪的基本模式

1. 角度测量模式

仪器出厂设置是开机后进入角度测量模式，当仪器在其他模式状态时，按 ANG 键进入角度测量模式。角度测量模式下有 P1、P2、P3 三页菜单，角度测量的三个界面菜单如图 4-10所示，其功能见表 4-2。

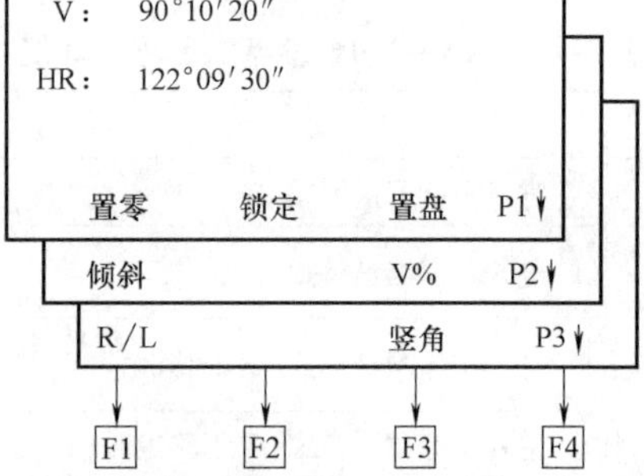

图 4-10　角度测量界面

表 4-2　角度测量功能

页数	软键	显示符号	功　能
第 1 页（P1）	F1	置零	将当前视线的水平盘读数设置为 0°0′0″
	F2	锁定	锁定水平角值。锁定后转动照准部时，水平盘读数不变
	F3	置盘	通过键盘输入数字设置水平角。该命令常用于将某个照准方向的水平度盘读数配置为该方向的方位角
	F4	P1↓	翻到第二页
第 2 页（P2）	F1	倾斜	设置倾斜改正开或关
	F2	—	—
	F3	V%	垂直角与坡度的切换
	F4	P2↓	翻到第三页
第 3 页（P3）	F1	R/L	水平角右/左角模式的转换，一般选择为水平右
	F2	—	—
	F3	竖角	高度角/天顶距的切换
	F4	P3↓	翻到第一页

2. 距离测量模式

按键进入距离测量模式的同时自动开始测距。当仪器正在测距时，在字符“HD”或“SD”的右边将显示字符“＊”。距离测量模式下有 P1、P2 两页菜单。距离测量界面如图 4-11 所示，其功能见表 4-3。

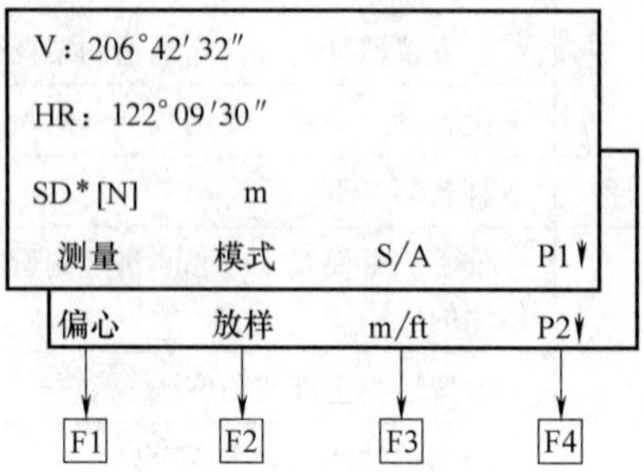

图 4-11　距离测量界面

表 4-3　距离测量功能

页数	软键	显示符号	功　能
第 1 页（P1）	F1	测量	启动距离测量。仪器将根据所选模式进行单次/连续/跟踪测距
	F2	模式	设置测距模式。在 SD 后显示[1]表示单次测距，显示[N]表示连续测距，显示[T]表示跟踪测距
	F3	S/A	设置温度、气压、棱镜常数等
	F4	P1↓	翻到第二页
第 2 页（P2）	F1	偏心	偏心测量模式
	F2	放样	距离放样模式。显示实测距离与输入放样距离之差
	F3	m/ft	距离单位的设置米/英尺
	F4	P2↓	翻到第一页

3. 坐标测量模式

坐标测量界面如图4-12所示，其功能见表4-4。

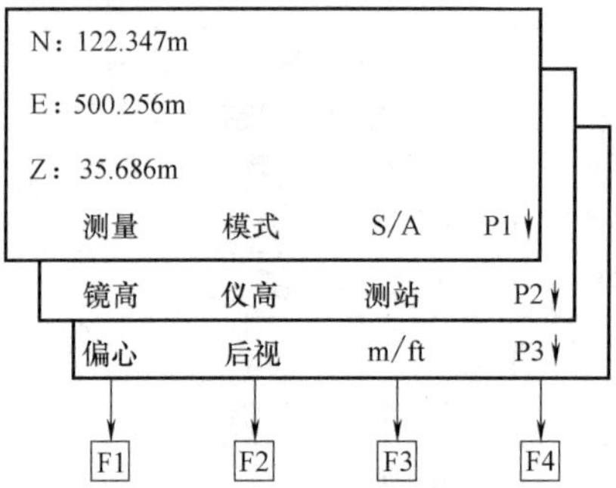

图4-12 坐标测量界面

表4-4 坐标测量功能

页数	软键	显示符号	功能
第1页(P1)	F1	测量	启动坐标测量。仪器将根据所选模式进行单次/连续/跟踪测距
	F2	模式	设置测量模式为精测/跟踪/连续。在N后显示[1]表示单次测距，显示[N]表示连续测距，显示[T]表示跟踪测距
	F3	S/A	设置温度、气压、棱镜常数等
	F4	P1↓	翻到第二页
第2页(P2)	F1	镜高	设置棱镜高度。镜高是指待测点到棱镜中心的垂直距离
	F2	仪高	设置仪器高度。仪高是指测站点到仪器中心的垂直距离
	F3	测站	设置测站坐标。使用数字键输入测站点的三维坐标
	F4	P2↓	翻到第三页
第3页(P3)	F1	偏心	偏心测量模式。偏心测量是测量不便于安置棱镜的碎部点三维坐标时使用的
	F2	后视	设置后视坐标或角度
	F3	m/ft	距离单位的设置米/英尺
	F4	P3↓	翻到第一页

(三) 全站仪菜单模式

按MENU（菜单）键进入1/2页菜单，如图4-13所示。按▲、▼键进行界面之间切换。下面将介绍菜单模式的操作方法。数据采集和测量程序在全站仪测量时会详细讲解，在菜单模式中我们先了解学习内存管理。

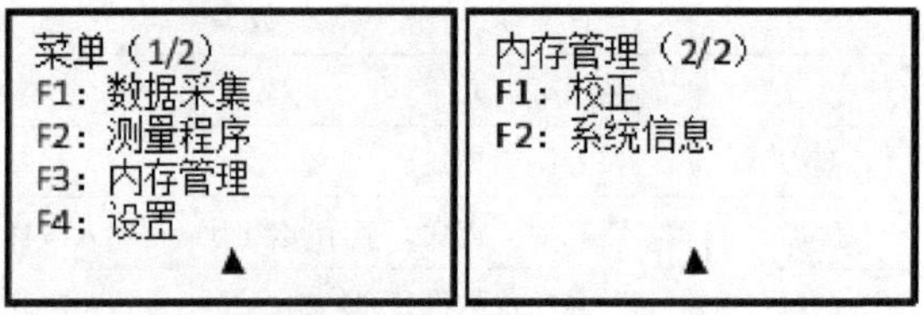

a) b)

图4-13 菜单模式界面

在图 4-13a 的“菜单 1/2”界面下按[F3]（内存管理）键，进入“内存管理”菜单，如图 4-14 所示。它有 1/3、2/3、3/3 三页菜单，按[▲]、[▼]键可以循环切换。

内存管理（1/3）	内存管理（2/3）	内存管理（3/3）
F1：存储介质	F1：输入坐标	F1：数据传输
F2：内存状态	F2：删除坐标	F2：文件操作
F3：数据查阅	F3：输入编码	F3：初始化
F4：文件维护		
▼	▼	▲
a)	b)	c)

图 4-14　“内存管理”菜单

1. 存储介质

按[F1]（存储介质）键，进入如图 4-15 所示的界面。按[F1]键选择存储内存为仪器内部自带的 FLASH；按[F2]键选择存储内存为外部 SD 卡，若仪器没插 SD 卡，则在存储界面下方显示“没有 SD 卡!”，屏幕退回到图 4-14a 的界面。

内存选择
F1：内存
F2：SD 卡

图 4-15　存储界面图

2. 内存状态

按[F2]（内存状态）键，进入“内存状态”界面，如图 4-16 所示，显示当前内存的总容量、已经使用的空间和未用的空间（内部存储容量为 2020K）。

内存状态	
总容量：	2020K
已用空间：	28K
可用空间：	1992K

图 4-16　“内存状态”界面

3. 数据查阅

按[F3]（数据查阅）键，进入如图 4-17a 所示的界面，可以在测量数据、坐标数据和编码数据中查找指定的数据。在测量数据与坐标数据中查找点的数据时，需选择文件。下面介绍查找坐标数据的操作方法，其中假设仪器内存中有名称为 CS—0810 的坐标文件。

在图 4-17a 的菜单下，按[F2]（坐标数据）键，进入“选择文件”界面，如图 4-17b 所示。可以直接输入文件名“CS—0810”，也可以按[F2]（调用）键，进入内存坐标文件列表界面，如图 4-17c 所示。按[▲]、[▼]键选择需要的坐标文件，文件名左边的符号▶表示当前选择的坐标文件，按[F4]（[ENT]）键，进入“数据查找”界面，如图 4-17d 所示。按[F1]（第一个数据）键，屏幕显示文件 CS—0810 的第一点的坐标，如图 4-17e 所示。按[F3]（按点名查找）键，进入“输入查找点号”界面，如图 4-17f 所示。输入点号 8 后按[ENT]键，屏幕显示点号为 8 的点的坐标，如图 4-17g 所示。

在图 4-17a 的菜单下，按[F4]（展点）键，或在图 4-17e 界面下按[F4]（展点）键，屏幕显示如图 4-17h 所示。图中黑点表示点号为 1 的当前点，十字表示其他点。

图 4-17h 所示界面下各个按键的功能为：[ANG]键，连线功能；[◿]键，显示当前点的坐

标；F1键，当前点前移一个；F2键，当前点后移一个；F3键，缩小；F4键，放大；◀键，右移；▶键，左移；▲键，下移；▼键，上移。

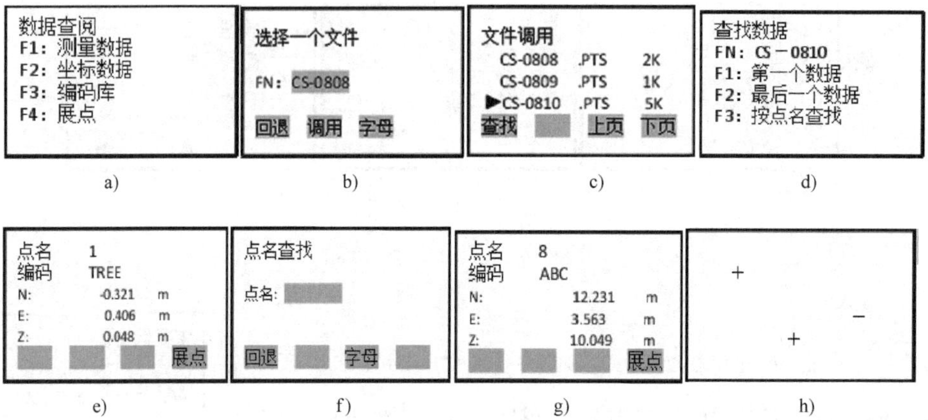

图 4-17 “数据查阅”界面

4. 维护

对内存中的文件进行改名和删除操作。按F4（文件维护）键，进入“文件维护”界面，如图 4-18 所示，显示文件列表，按▲、▼键移动光标符号“▶”选择文件为当前文件，按F1（改名）键为修改当前文件名，按F2（删除）键为删除当前文件。

5. 输入坐标

在指定坐标文件中添加输入的坐标，当输入的点号与文件中已有点重号时将覆盖已有坐标数据。

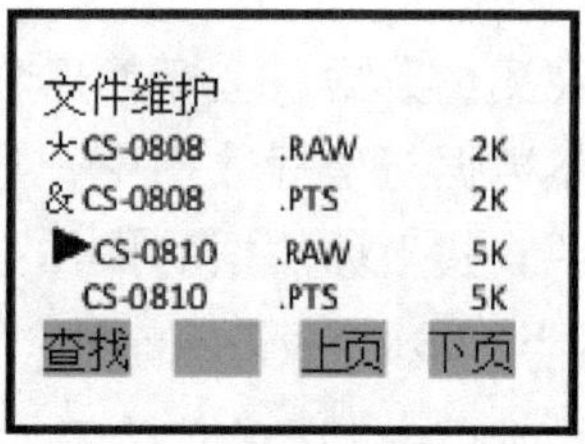

图 4-18 “文件维护”界面

在“内存管理 2/3”菜单下按F1（输入坐标）键，进入“选择文件”界面，如图 4-19a 所示，它要求选择输入坐标存储的文件，完成后按ENT键进入“输入坐标数据”界面，如图 4-19b 所示。输完点名和编码后按ENT键进入“输入坐标”界面，如图 4-19c 所示。完成输入后按ENT键即将坐标存入坐标文件。

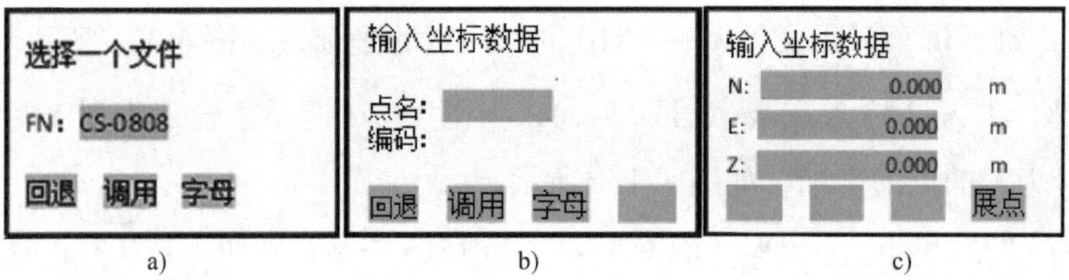

图 4-19 “输入坐标数据”界面

6. 输入编码

编码是为了数字测图软件从全站仪中读入野外采集的碎部点坐标并自动描绘地物时使用。

仪器在内存中开辟了一个区作为编码库用于保存最多 500 个编码数据，编号为 001 ~ 500。该命令可以将编码输入编码库中指定的编号位置。每个编码最多允许 10 位，可以由字母、数字或其混合组成，编码的赋值可以由用户定义。例如为 001 号编码赋值“KZD”表示控制点，为 002 号编码赋值“FW”表示为房屋等。集中输入编码的目的是，在数据采集时，可以从编码库中调用某个编码作为碎部点的编码。可以在 NTS_TRANSFER. exe 通讯软件中编辑一个编码文件，①通过 RS232 口：在该软件中执行“通讯/计算机→NTS310/350 全站仪（定线数据或编码）”下拉菜单命令，将编码文件上传到仪器内存的编码库中。②通过 USB 口：在软件中执行“USB 操作/转换成内存格式文件/ *. txt→PCODE. LIB”下拉菜单命令，把转换后生成的 PCODE. LIB 直接复制到内存中，覆盖原来的文件。

7. 数据传输

通过 RS232 通讯口进行数据的发送和接收。

在“存储管理 3/3”菜单下按 F1 （数据传输）键，进入“数据传输”菜单，如图 4-20a 所示。下面介绍该菜单下的具体操作。

a)	b)	c)	d)
数据传输	通讯参数	发送数据	接受数据
F1：发送数据	F1：波特率	F1：测量数据	F1：坐标数据
F2：接收数据	F2：字符校验	F2：坐标数据	F2：编码数据
F3：通讯参数	F3：通讯协议		F3：水平定线数据
			F4：垂直定线数据

图 4-20　“数据传输”菜单

1）通讯参数的设置。按 F3 （通讯参数）键，进入“通讯参数”菜单，如图 4-20b 所示。在该菜单中可以设置波特率、字符校验和通讯协议等。通讯参数应与计算机上通讯软件的参数设置一致。

2）发送数据。“发送数据”菜单如图 4-20c 所示，可以选择发送测量数据和坐标数据。

3）接收数据。“接收数据”菜单如图 4-20d 所示，可以选择接收坐标数据、编码数据、水平定线数据和垂直定线数据。

下面以接收坐标数据为例来说明数据传输。假设有一个 10—08—10 的坐标文件需上传到全站仪里，坐标格式必须是“点名，编码，E，N，Z”，打开 10—08—10. txt，如图 4-21 所示。

在图 4-20d 菜单下按 F1 （坐标数据）键，进入“选择文件”界面，此时必须新建一个坐标文件来保存计算机将传输过来的坐标数据，输入文件名后进入“接收坐标数据”界面，如图 4-22a 所示。按 F4 （是）键进入“接收数据”界面，如图 4-22b 所示。

运行 NTS_TRANSFER. exe，打开坐标文件“10—08—10”，如图 4-23 所示，通讯参数配置成和全站仪上一致。选择“通讯/计算机 | NTS—310/350 全站仪（坐标）”命令，在弹出的确认提示框中单击“确定”按钮，开始逐行上传坐标数据，如图 4-24 所示。

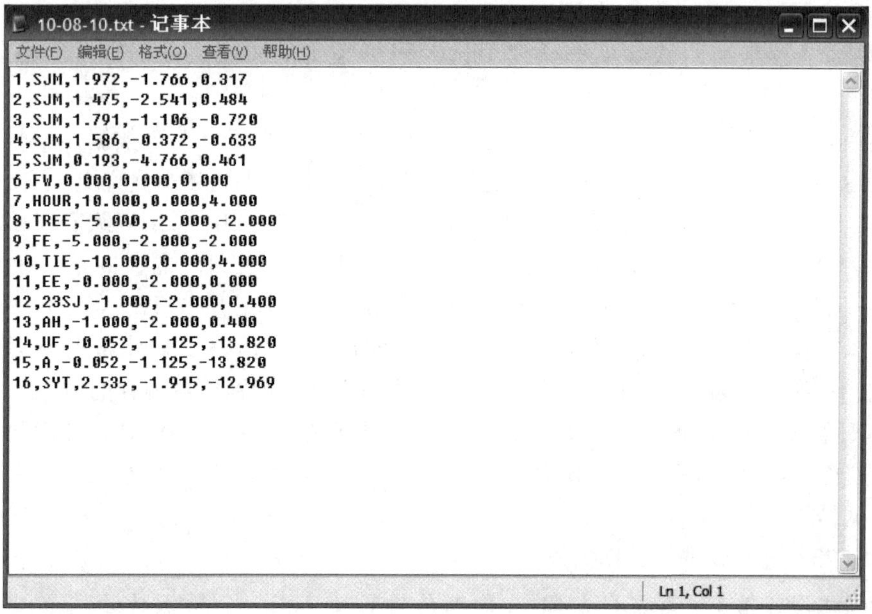

图 4-21　某数据传输记事本

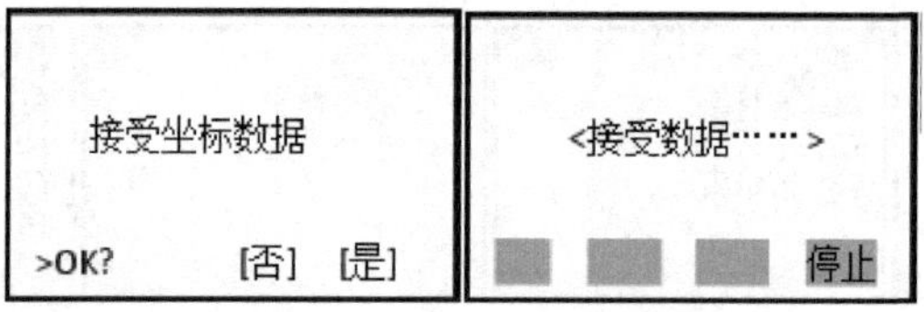

a)　　　b)

图 4-22　“接收坐标数据”界面

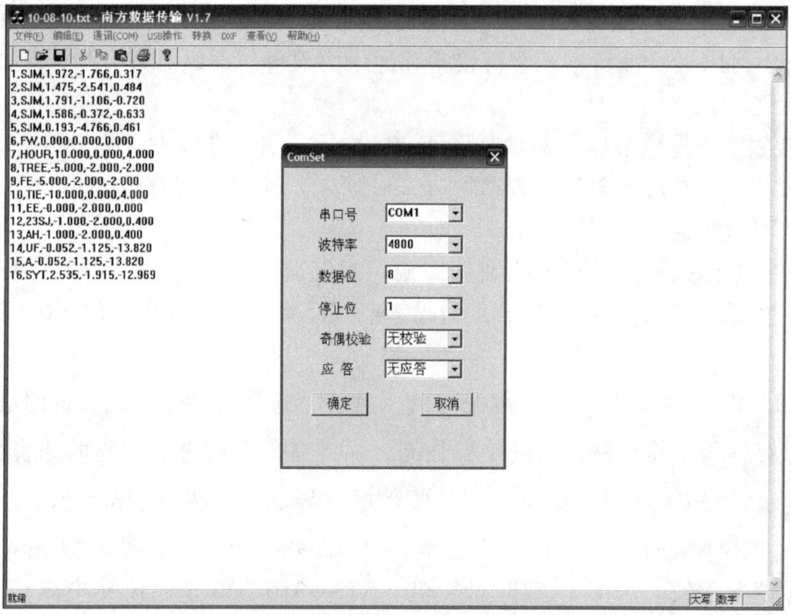

图 4-23　上传坐标数据界面

NTS—330R 系列全站仪还可以通过 USB 口传输文件，用 USB 数据线把全站仪和计算机连接后，在计算机上可以看到 TS—FLASH 和 TS—SD 两个盘符，TS—FLASH 是全站仪内部存储器，TS—SD 是 SD 卡。运行 NTS_TRANSFER. exe，如图 4-25 所示。

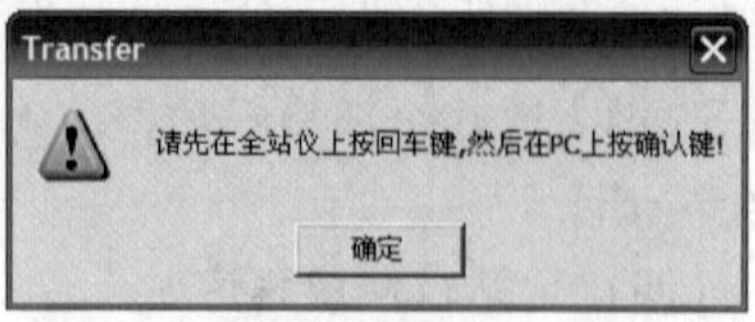

图 4-24　确定界面

1）数据文件导出到计算机。全站仪内存中的文件有 5 种：＊. RAW 是测量数据文件，＊. PTS 是坐标数据文件，＊. HAL 是水平定线文件，＊. VCL是垂直定线文件，＊. LIB 是编码文件。可以在数据传输界面中通过相应的操作打开需要的文件，然后保存到计算机。

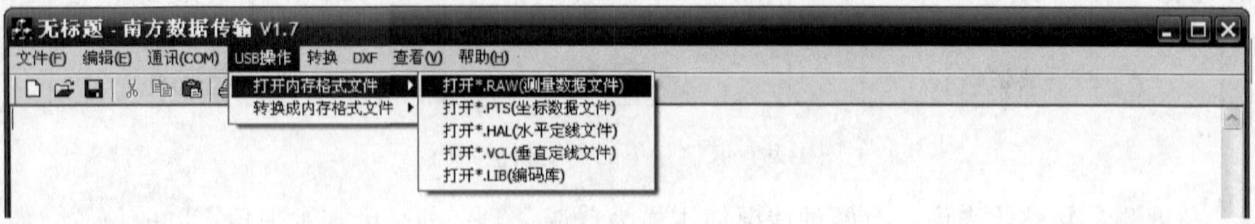

图 4-25　数据传输界面

2）把计算机上的文件导入到全站仪。全站仪内部的文件是以机器码存储的，所以必须把相应的文件转换成全站仪认识的格式，用图 4-26 所示的操作可以把数据转换成＊. PTS、＊. HAL、＊. VCL 和 PCODE. LIB 文件，然后复制到全站仪内存中。

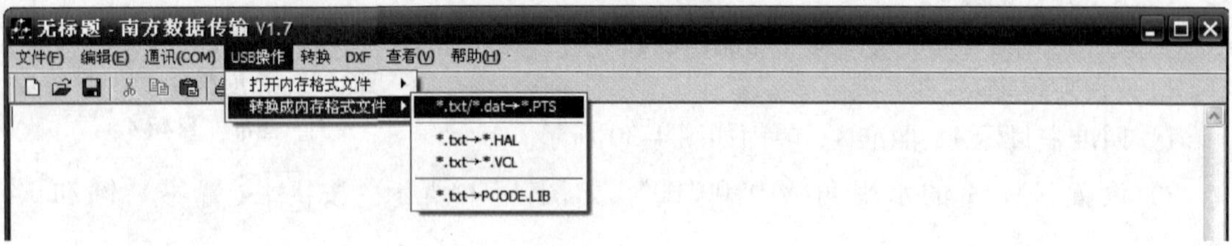

图 4-26　数据维护界面

8. 操作

在“存储管理 3/3”菜单下按[F2]（文件操作）键，进入“文件操作”菜单，如图 4-27 所示。按[F1]键可以把 SD 卡上的文件复制到内存中，按[F2]键把内存中的文件复制到 SD 卡中。

9. 初始化

“初始化”菜单如图 4-28 所示，按[F1]（文件数据）键为清除全部坐标数据文件、测量

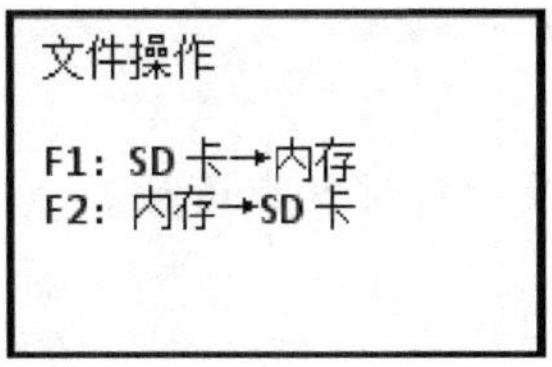

图 4-27　“文件操作”菜单

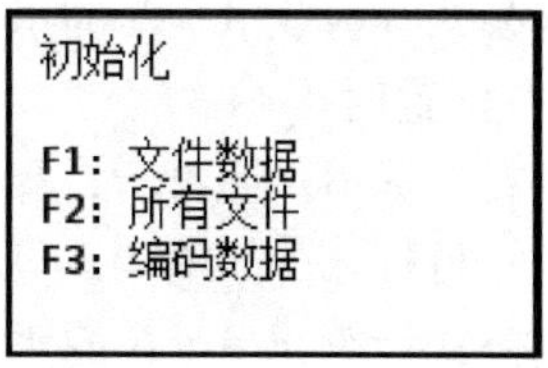

图 4-28　“初始化”菜单

数据文件和定线数据文件中的数据；按F2（所有文件）键为清除所有文件；按F3（编码数据）键为清除全部编码数据。无论选择何种初始化命令，测站点的坐标、仪器高和镜高不会被清除。

（四）全站仪测量程序

前面提过，角度测量模式下有P1、P2、P3三页菜单，图4-29展示的是某测量下的角度测量界面。

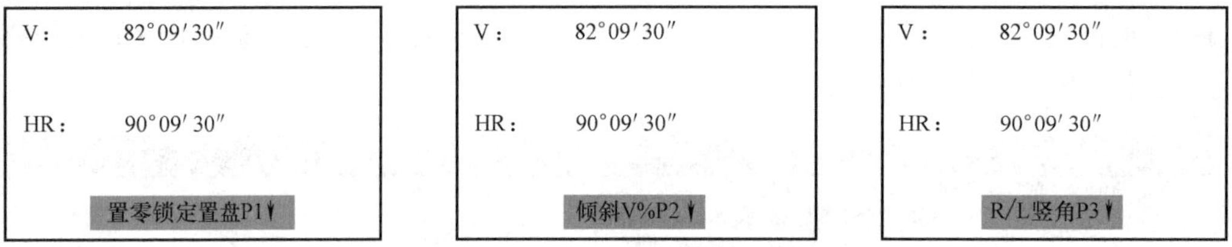

图4-29　某测量下的角度测量界面

角度测量从整体来说，有两种情况使用最为普遍。第一种是已知水平角零度的位置，要求找出其他任意角的位置；第二种是已知水平角及水平角位置，要求找出其他任意角度的位置。而第二种情况可以通过锁定角度值进行设置，也可以通过键盘输入进行设置。

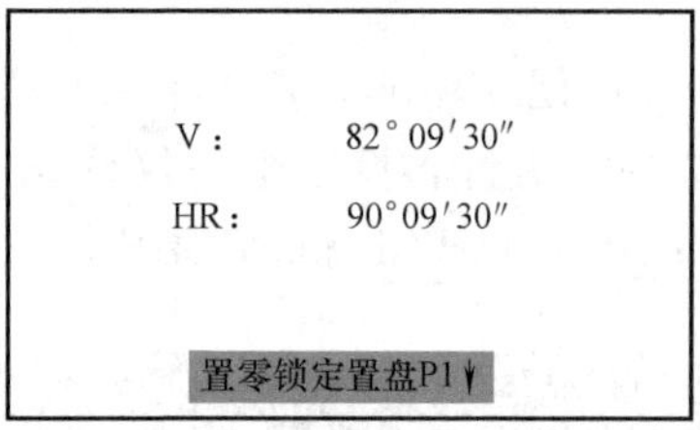

图4-30　角度测量（待机界面，照准左目标A）

1. 水平角的测量

确认处于角度测量模式，按下列操作步骤进行：

（1）盘左位置时

1）照准左目标A：照准A，界面如图4-30所示。

2）设置目标A的水平角为0°00′00″，如图4-31所示。按F1（置零）键和F4（是）键。

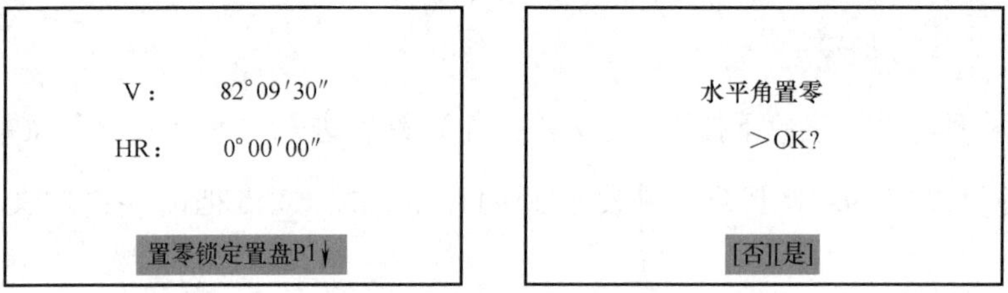

图4-31　水平角置零（设置目标A的水平角）

3）照准第二个右目标B，显示目标B的V/H：照准目标B，如图4-32所示。

4）根据公式计算出A、B的水平角为：$\beta_{左}=67°09'30''$。

（2）盘右位置时

1）照准右目标B：照准B，界面如图4-33所示。记录盘右时B点读数。

2）照准左目标A，如图4-34所示。记录A点读数。

3）根据公式计算出A、B的水平角为：$\beta_{右}=67°09'30''$。

由此可推出A、B两点间的水平角：$\beta=1/2(\beta_{左}+\beta_{右})=67°09'30''$。

V:　92°09′30″
HR:　67°09′30″
置零锁定置盘P1↓

图 4-32　水平度盘读数（照准右目标 *B*）

V:　92°09′30″
HR:　247°09′30″
置零锁定置盘P1↓

图 4-33　角度测量（待机界面，照准右目标 *B*）

2. 水平角的设置

1）通过锁定角度值进行设置，确认处于角度测量模式。

① 用水平微动螺旋转到所需的水平角：显示角度，如图 4-35 所示。

V:　82°09′30″
HR:　180°00′00″
置零锁定置盘P1↓

图 4-34　水平度盘读数（照准左目标 *A*）

V:　122°09′30″
HR:　90°09′30″
置零锁定置盘P1↓

图 4-35　水平度盘读数（用水平微动螺旋转所得）

② 按 F2（锁定）键，如图 4-36 所示。

③ 照准目标。

④ 按 F4（是）键完成水平角设置，显示窗变为正常的角度测量模式（若要返回上一个模式，可按 F4（退出）键），如图 4-37 所示。

水平角锁定
HR: 90°09′30″
>设置?
[否][是]

图 4-36　锁定水平角

V:　122°09′30″
HR:　90°09′30″
置零锁定置盘P1↓

图 4-37　水平角设置后，将其置零

2）通过键盘输入进行设置，确认处于角度测量模式。

① 照准目标，如图 4-38 所示。

② 按 F3（置盘）键，如图 4-39 所示。

V:　122°09′30″
HR:　90°09′30″
置零锁定置盘P1↓

图 4-38　输入角度

水平角设置
HR:
输入

图 4-39　转入“水平角设置”界面

③ 通过键盘输入所要求的水平角，如：150°10′20″。将水平自动螺旋旋紧，在键盘上输入 150. 1020 后按[ENT]确认键，如图 4-40 所示。

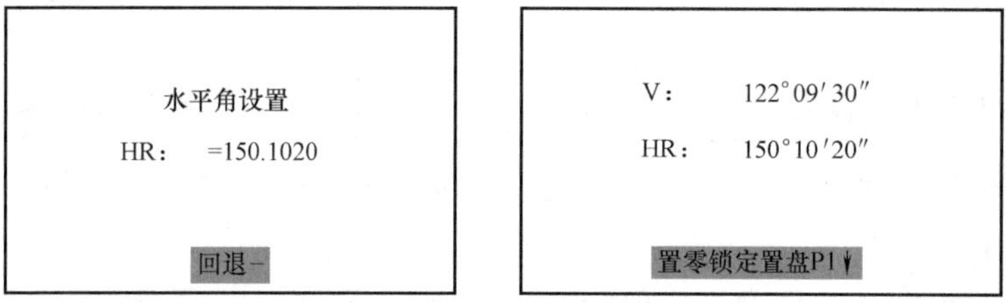

图 4-40　设置水平角（输入 150. 1020）

3. 距离测量

全站仪的发射光的光速通常受到温度、气压的影响，所以在进行全站仪测距前通常需要设置大气改正和棱镜常数，设置完成后再进行距离测量。

NTS—312B 全站仪测距有三种合作模式，第一种为棱镜模式，第二种为反射板模式，第三种为无合作模式。在这里我们就以常用的棱镜模式为例讲解全站仪的距离测量。

（1）大气改正的设置　主要是通过改正温度和气压来求得改正值，全站仪一旦设置了大气改正值即可自动对测距结果实施大气改正。具体设置方法如下：

1）按[◿]功能键，进入距离测量模式，如图 4-41 所示。

2）按[F3]（[S/A]）功能键，进入气象改正设置模式，如图 4-42 所示。

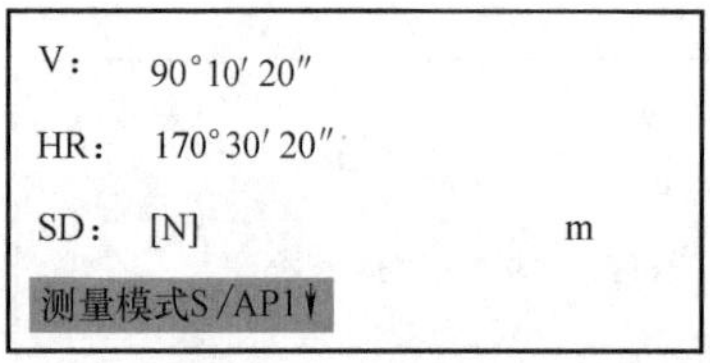

图 4-41　距离测量模式（大气改正）

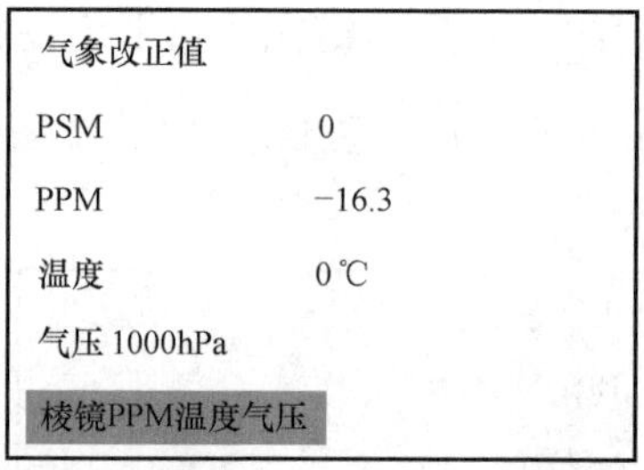

图 4-42　气象设置界面

3）按[F1]（棱镜）功能键，设置棱镜常数 PSM 为 –30，按[F3]（温度）功能键，设置温度为 10℃，按[F4]（气压）功能键，设置气压为 1017hPa。气象改正值 PPM 自动计算得出 –10. 8，每次设置完成后按[ENT]键进行确认，如图 4-43 所示。

（2）距离测量

1）照准棱镜中心，按[◿]键，距离测量开始，可测出测站点到待测点的斜距 *SD*，如图 4-44 所示。

2）再次按[◿]键，测出测站点到待测点间的平距（*HD*）、高差（*VD*），如图 4-45 所示。

测距模式的切换：可按[F2]（模式）键，在连续测量、单次测量、跟踪测量三个模式之间进行切换。屏幕

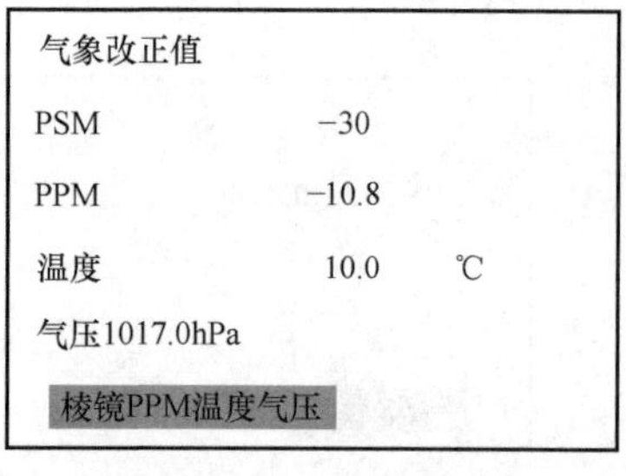

图 4-43　气象改正设置

上依次显示［ N ］、［ 1 ］、［ T ］，如图 4-46 所示。

V：　90°10′20″
HR：　170°30′20″
SD：　[N]　　　m
测量模式S/AP1↓

图 4-44　测斜距

V：　90°10′20″
HR：　170°30′20″
HD：　[N]
VD：　　　m
测量模式S/AP1↓

图 4-45　测平距、高差

HR：　170°30′20″
HD*[N]　　　m
VD：　　　m
测量模式S/AP1↓

a)

HR：　170°30′20″
HD*[1]　　　m
VD：　　　m
测量模式S/AP1↓

b)

HR：　170°30′20″
HD*[T]　　　m
VD：　　　m
测量模式S/AP1↓

c)

图 4-46　切换测量模式

4. 坐标测量

坐标测量是由已知点坐标和方位测出未知点坐标的过程。要进行坐标测量必须满足以下条件：

1）至少有两个已知点的坐标，这两个点之间要通视，且有一个已知点位置适合于架设仪器，作为测站点，另一个已知点作为后视点。

2）至少有一个已知点的坐标和一个方位角，这两个点之间要通视，且这个已知坐标的点位置适合架设仪器，作为测站点，另一个方位角作为后视。

坐标测量原理如图 4-47 所示。测站点坐标为（N_0，E_0，Z_0），相对于仪器中心点的棱镜中心坐标为（n，e，z），仪高（仪器高），未知点坐标为（N_1，E_1，Z_1），棱镜（镜高），高差为 Z（VD），则有

$$N_1 = N_0 + n$$
$$E_1 = E_0 + e$$
$$Z_1 = Z_0 + \text{仪高} + Z - \text{镜高}$$

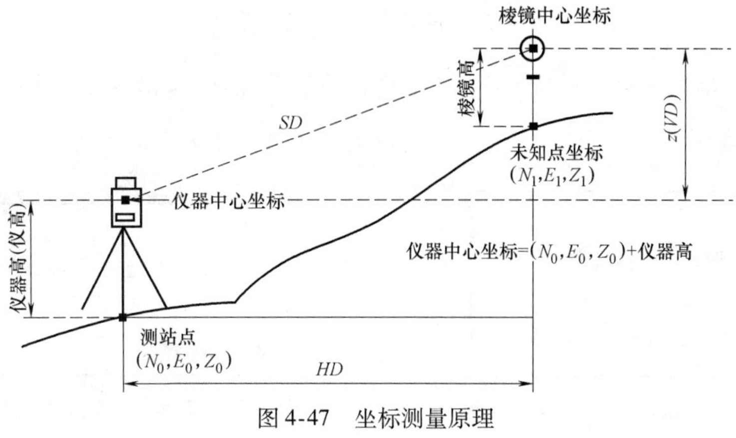

图 4-47　坐标测量原理

因此，仪器中心坐标为（N_0，E_0，Z_0 + 仪器高）。

坐标测量操作步骤为：

1）进行坐标测量时要注意：要先设置测站坐标、测站高、棱镜高及后视方位角。

2）按坐标测量[⊿]功能键，进入坐标测量界面，如图 4-48 所示。

3）按[F4]（P1↓）功能键，进入第二页，如图 4-49 所示。

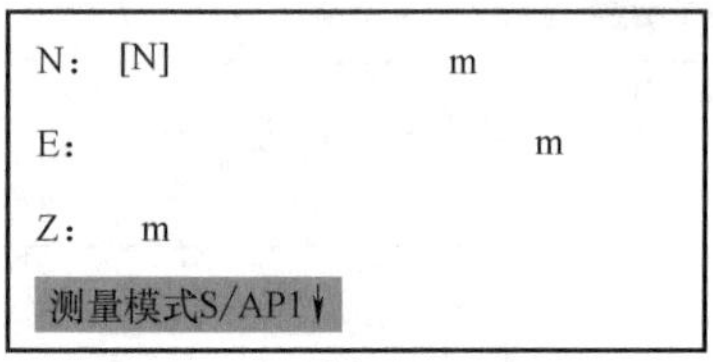

图 4-48　坐标测量模式

图 4-49　坐标测量初始设置

4）按[F1]（镜高）功能键，设置棱镜高度，按[F2]（仪器高）功能键，设置仪器高度，按[F3]（测站）功能键，设置测站坐标，每次设置完成后按[ENT]键确认键，如图 4-50 所示。

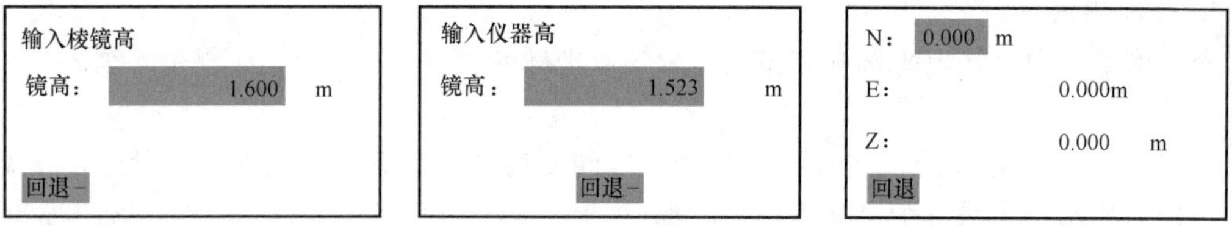

图 4-50　设置测站（坐标测量）

5）测站设置完成后按[ENT]确认键后，按[F4]（P2↓）功能键，进入第三页，设置后视，如图 4-51 所示。

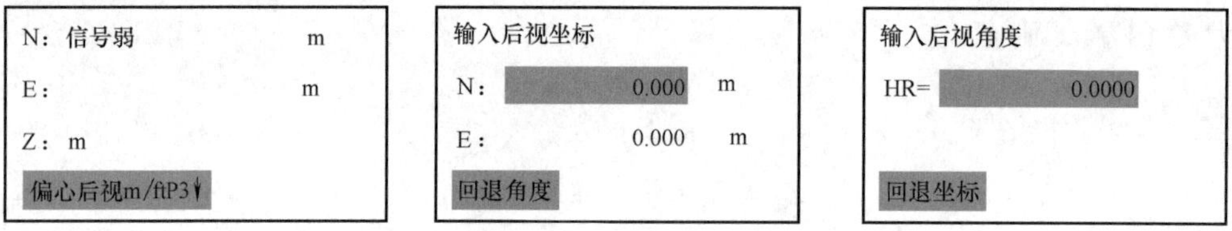

图 4-51　设置后视（坐标测量）

6）全站仪瞄准后视点，后按[F4]（是）键，照准后视点，如图 4-52 所示。

7）瞄准棱镜中心，按[F1]（测量）键进行坐标测量，如图 4-53 所示。

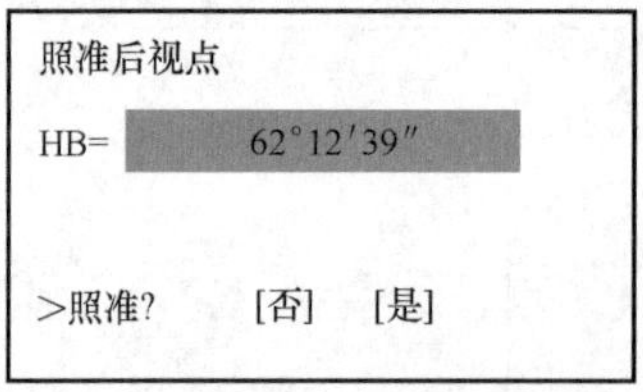

图 4-52　照准后视点（坐标测量）

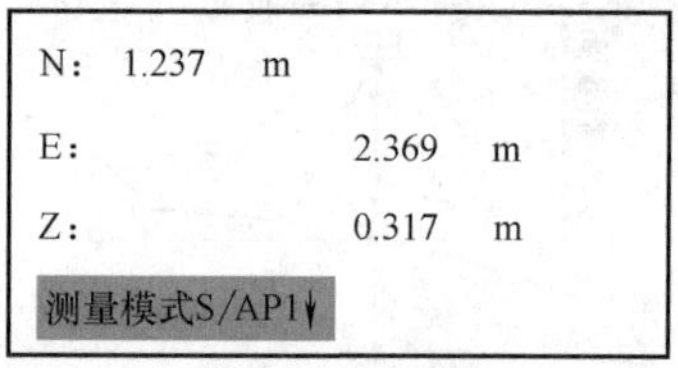

图 4-53　坐标测量（按[F1]键）

5. 坐标放样

坐标放样，即测设过程是将图样上的已知点测定到地面上的过程。

在放样的过程中，有以下几步：

1）选择坐标数据文件。可进行测站坐标数据及后视坐标数据的调用。

2）设置测站点。

3）设置后视点，确定方位角。

4）输入所需的放样坐标，开始放样。

坐标放样操作步骤：

1）按S. O（坐标放样）功能键，进入坐标放样模式，如图4-54所示。

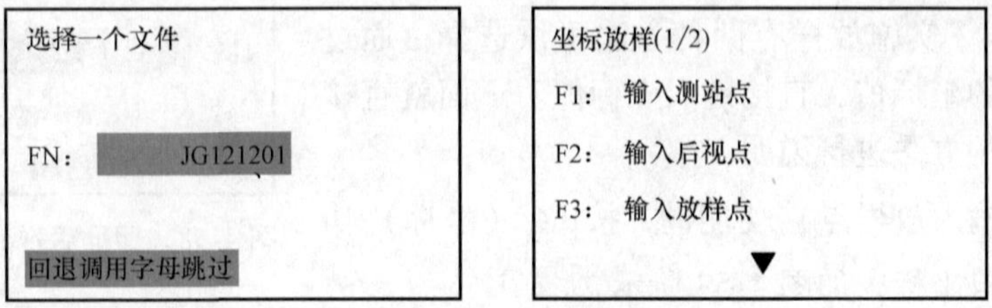

图4-54　坐标放样模式

2）设置测站点。设置测站点的方法有两种：调用内存中的坐标设置和直接键入坐标数据。下面就直接输入测站点坐标的方法进行说明。

① 按F1（输入测站点）功能键，按F4（坐标）功能键，设置测站点坐标，如图4-55所示。

② 测站坐标设置完成后按ENT确认键，仪器自动跳转到输入仪器高界面，如图4-56所示。

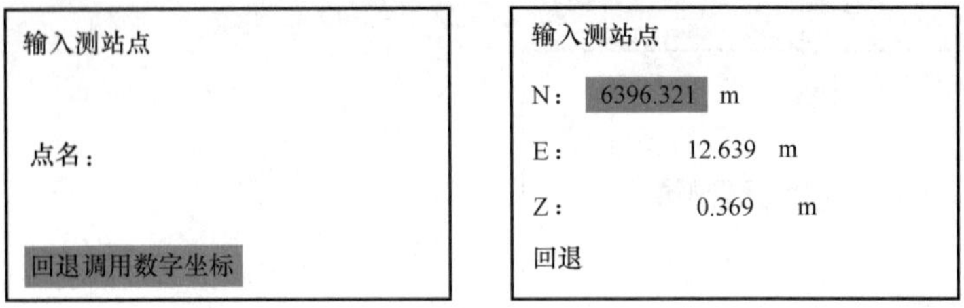

图4-55　设置测站点（坐标放样）

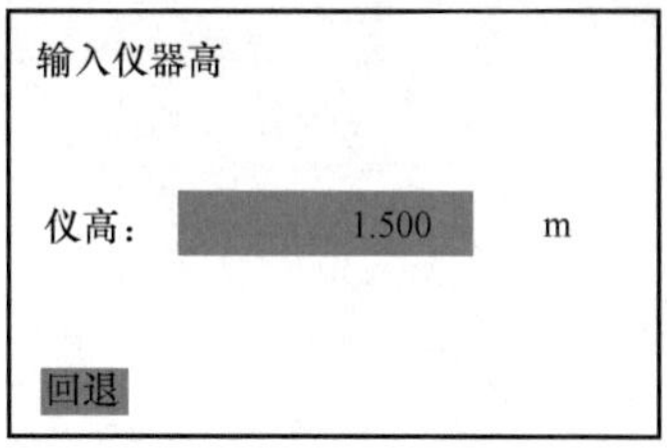

图4-56　设置仪器高（坐标放样）

3）设置后视点。设置后视点的方法有三种，即利用内存中的坐标数据文件设置后视点、直接键入坐标数据和直接键入设置角。下面就直接输入后视点坐标的方法进行说明。

① 按F2（输入后视点）功能键，按F4（坐标）功能键，设置后视点坐标，如图4-57所示。

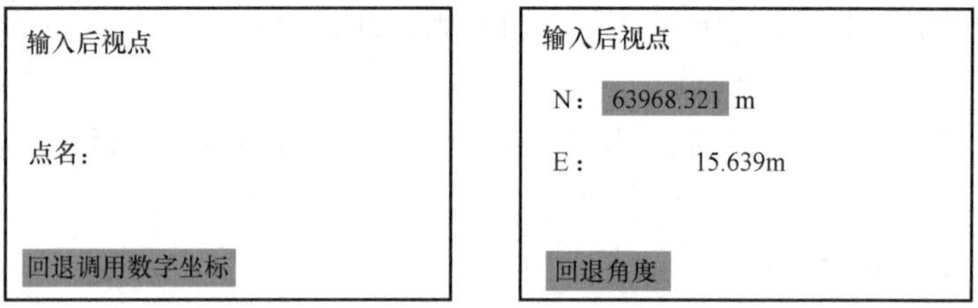

图 4-57　设置后视点坐标（坐标放样）

② 全站仪瞄准后视点，后按 F4 （是）键，照准后视点，如图 4-58 所示。

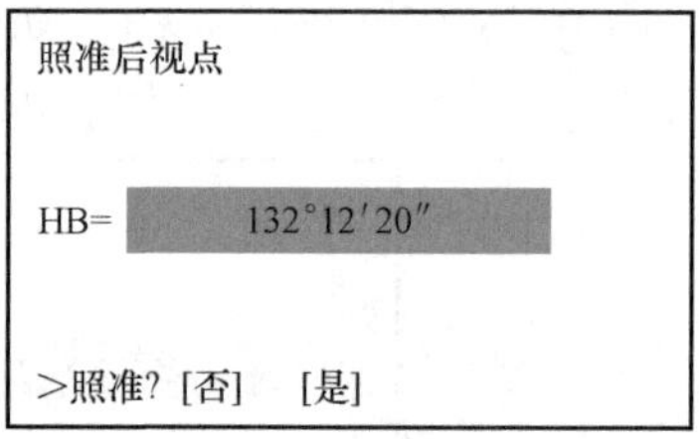

图 4-58　照准后视点（坐标放样）

4）实施放样。实施放样有两种方法可供选择：通过点号调用内存中的坐标值，直接键入坐标值。下面就直接输入后视点坐标的方法进行说明。

① 按 F3 （输入放样点）功能键，按 F4 （坐标）功能键，设置放样点坐标，如图 4-59 所示。

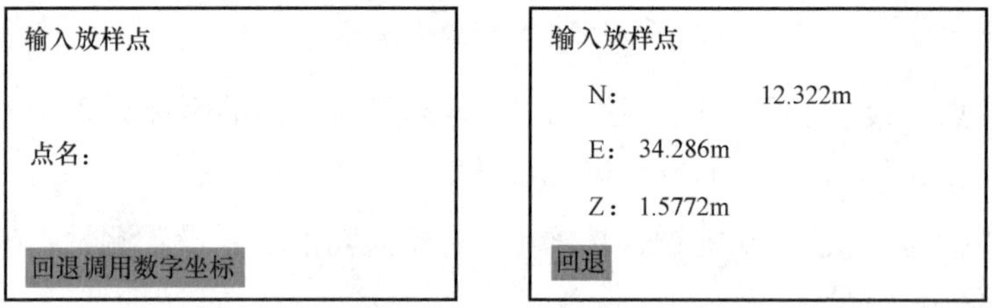

图 4-59　设置放样点

② 测站坐标设置完成后按 ENT 确认键，仪器自动跳转到输入镜高界面，如图 4-60 所示。

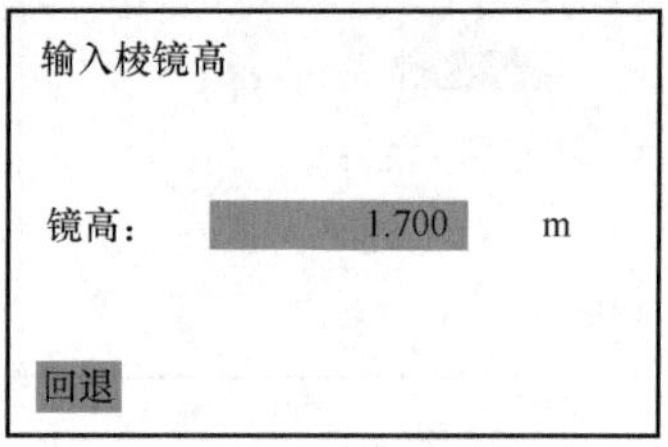

图 4-60　设置棱镜高

③ 测站坐标设置完成后按 ENT 确认键，仪器自动计算出放样参数，如图 4-61 所示。

④ 按 F4 （继续）功能键，显示需要调整的角度差。*HR* 为实际测量的水平角。d*HR* 为对准放样点仪器应转动的水平角，其值 = 实际水平角 − 计算的水平角，如图 4-62 所示。

⑤ 当 d*HR* = 0°00′00″时，即表明放样方向正确。旋转望远镜，使用水平制动螺旋和微动螺旋，使角度差 d*HR* 调整为 0°00′00″，如图 4-63 所示。

放样参数计算

HR：　180°06′48″

HD：　245.777m

继续

图 4-61　计算放样参数

点名：

角度差调为零

HR：　181°48′47″

dHR：　1°41′59″

坐差　　距离　　坐标　　换点

图 4-62　显示角度差

⑥ 移动棱镜，使棱镜中心与全站仪十字丝中心重合，即放样方向正确。

⑦ 按F2（距离）功能键，显示需要调整的距离差，如图 4-64 所示。图中“HD*”表示实测的水平距离，“dH”表示对准放样点尚差的水平距离，“dZ”表示实测高差与计算高差之差。

点名：

角度差调为零

HR：　181°48′47″

dHR：　0°00′00″

坐差距离坐标换点

图 4-63　角度差调为零

HD*　　245.777m

dH：　−3.223m

dZ：　−0.067m

测量角度坐标换点

图 4-64　显示距离差

⑧ 移动棱镜，按F1（测量）功能键，当屏幕显示值“dHR”符合，“dHD”和“dZ”均为 0 时，则放样点的测设已经完成，如图 4-65 所示。

⑨ 按F3（坐标）功能键，即显示坐标值，可以和放样点坐标值进行核对，如图 4-66 所示。

HD*　　245.777m

dH：　0.000　m

dZ：　0.000　m

测量角度坐标换点

图 4-65　确定放样测设点

N：　　12.322m

E：　34.286m

Z：　1.5772m

测量角度换点

图 4-66　核对放样点坐标

⑩ 按F4（换点）功能键，进入下一个放样点的测设，如图 4-67 所示。

输入放样点

点名：

回退调用数字坐标

图 4-67　输入放样点

6. 面积测量

全站仪面积测量模式用于计算闭合图形的面积，面积计算有如下两种方法：用坐标数据文件计算面积和用测量数据计算面积。

值得注意的是：如果图形边界线相互交叉，则面积不能正确计算。混合坐标文件数据和测量数据来计算面积是不可能的。面积计算所用的点数是没有限制的。所计算的面积不能超过 200000m^2 或 2000000ft^2。

面积测量操作步骤：

1）按M键，进入菜单模式，如图4-68所示。

2）按F2键，进入“测量程序”菜单，如图4-69所示。

菜单(1/2)
F1：数据采集
F2：测量程序
F3：内存管理
F4：设置
▼

图4-68 菜单模式（面积测量）

测量程序 (1/2)
F1： 悬高测量
F2： 对边测量
F3： 面积测量
F4： Z坐标测量
▼

图4-69 “测量程序”菜单（面积测量）

3）按F3（面积测量）键，进入“面积测量”菜单，如图4-70所示。

4）可按坐标数据文件和测量数据两种方法计算面积。

① 按坐标数据文件计算面积。

a）按F1（文件数据）功能键，其操作如图4-71所示。

面积测量
F1:文件数据
F2:测量

图4-70 “面积测量”菜单

选择一个文件
FN： JG138
回退调用字母

图4-71 文件数据（面积测量）

b）输入文件名后，按ENT确认键，显示初始面积计算屏，如图4-72所示。

c）按F4（下点）键，文件中第1个点号数据（DATA—01）被设置，第2个点号即被显示，如图4-73所示。

数据个数 1
点名： DATA-01
S= m^2
回退调用字母下点

图4-72 数据个数1

数据个数 2
点名： DATA-02
S= m^2
回退调用字母下点

图4-73 数据个数2

d）重复按F4（下点）键，设置所需要的点号，当设置3个点以上时，这些点所包围的面积就被计算，结果显示在屏幕上，如图4-74所示。

② 用测量数据计算面积。

a）按F2（测量）功能键，进行坐标测量，如图 4-75 所示。

数据个数　3
点名：DATA-03
S=　569.639 m^2
回退调用字母下点

图 4-74　显示测量面积结果（按坐标数据文件）

数据个数　0
S=　m^2
测量

图 4-75　测量坐标（用测量数据）

b）照准棱镜，按F1（测量）功能键，进行测量，如图 4-76 所示。

c）按F4（确定）键选择文件，如图 4-77 所示。

N：112.258　m
E：6.639　m
Z：1.032　m
测量确认

图 4-76　测量过程

选择文件
数据个数　1
S=　m^2
测量

图 4-77　选择文件

d）照准下一个点，按F1（测量）功能键，测三个点以后显示出面积，如图 4-78 所示。

数据个数　3
S=　569.639　m^2
测量

图 4-78　显示测量面积结果（用测量数据）

7. 悬高测量

悬高测量模式是为了得到不能放置棱镜的目标点高度，只需将棱镜架设于目标点所在铅垂线上的任一点，然后进行悬高测量，如图 4-79 所示。

悬高测量操作步骤：

1）按M键，进入菜单模式，如图 4-80 所示。

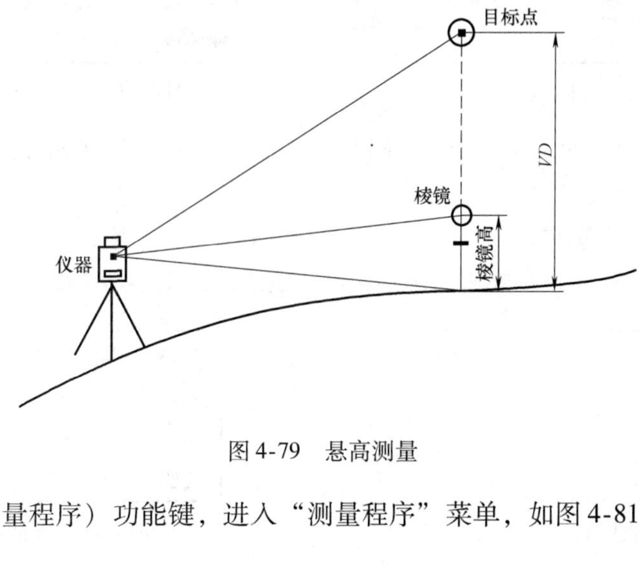

图 4-79　悬高测量

2）按F2（测量程序）功能键，进入“测量程序”菜单，如图 4-81 所示。

菜单 (1/2)
F1：数据采集
F2：测量程序
F3：内存管理
F4：设置
▼

图 4-80　菜单模式（悬高测量）

测量程序 (1/2)
F1：悬高测量
F2：对边测量
F3：面积测量
F4：Z坐标测量
▼

图 4-81　“测量程序”菜单（悬高测量）

3）按 F1（悬高测量）功能键，进入“悬高测量”菜单，如图 4-82 所示。

4）悬高测量分为有棱镜高输入和无棱镜高输入。

① 有棱镜高输入的情形。

a）按 F1（输入镜高）功能键，输入棱镜高 1.3，如图 4-83 所示。

悬高测量
F1：输入镜高
F2：无需镜高

图 4-82　“悬高测量”菜单

悬高测量-1
＜第一步＞
镜高：　1.300m
回退

图 4-83　输入镜高

b）照准棱镜，按 F1（测量）功能键，测量开始显示仪器至棱镜之间的水平距离（*HD*），如图 4-84 所示。

c）测量完毕，按 F4（设置）键确定棱镜位置，如图 4-85 所示。

悬高测量-1
＜第二步＞
HD*　1.880　m
测量设置

图 4-84　输入镜高

悬高测量-1
VD：　1.300　m
镜高平距

图 4-85　确定棱镜位置

d）照准目标点 *K*，显示垂直距离（*VD*），*VD* 即目标点 *K* 到地面的高度，如图 4-86 所示。

② 无棱镜高输入的情形。

a）按 F2（无需镜高）功能键，选择无棱镜模式，如图 4-87 所示。

悬高测量-1
VD：　2.958　m
镜高平距

图 4-86　显示垂直距离（有棱镜输入）

悬高测量-2
＜第一步＞
HD*：　m
测量

图 4-87　无棱镜模式

b）照准棱镜，按[F1]（测量）功能键开始测量，显示测站与棱镜的水平距离 *HD*，如图 4-88 所示。

c）测量完毕，按[F4]（设置）键确定水平距离，显示垂直角，如图 4-89 所示。

悬高测量-2
<第一步>
HD*　　1.875　　m
测量设置

图 4-88　测量水平距离

悬高测量-2
<第二步>
V：92°05′56″
设置

图 4-89　显示垂直角

d）照准地面点 *G*，按[F4]（设置）键，棱镜位置即被确定，如图 4-90 所示。

悬高 测量-2
<第二步>
V：188°32′45″
设置

悬高测量-2
VD：0.000　m
垂角斜距

图 4-90　确定棱镜位置

e）照准目标点 *K*，显示垂直距离（*VD*），*VD* 即目标点 *K* 到地面的高度，如图 4-91 所示。

8. 对边测量

对边测量程序是测量两个目标棱镜之间的水平距离（d*HD*）、斜距（d*SD*）、高差（d*VD*）和水平角（*HR*），如图 4-92 所示。

悬高测量-2
VD：　　2.958　m
垂角平距

图 4-91　显示垂直距离（无棱镜高输入）

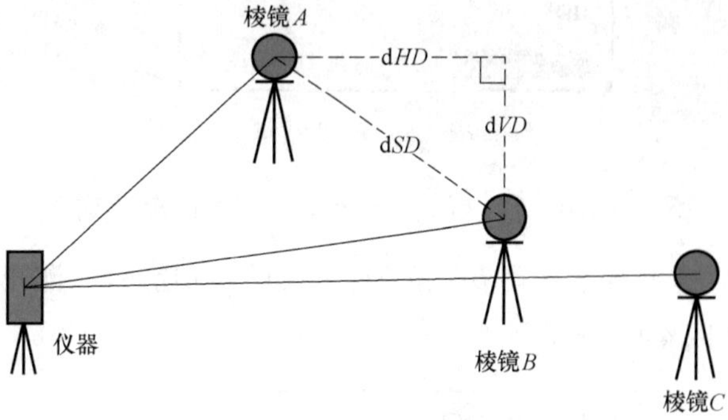

图 4-92　对边测量

对边测量操作步骤：

1）按[M]键，进入菜单模式，如图 4-93 所示。

2）按[F2]（测量程序）功能键，进入“测量程序”菜单，如图 4-94 所示。

3）按[F2]（对边测量）功能键，如图 4-95 所示。

对边测量可直接测量数据、输入坐标值或调用坐标数据文件进行计算。对边测量有两种

菜单(1/2)
F1：数据采集
F2：测量程序
F3：内存管理
F4：设置
▼

图 4-93　菜单模式（对边测量）

测量程序 (1/2)
F1：悬高测量
F2：对边测量
F3：面积测量
F4：Z坐标测量
▼

图 4-94　“测量程序”菜单

选择一个文件
FN：
回退调用字母跳过

对边测量
F1：MLM1[A-B　A-C]
F2：MLM2[A-B　B-C]

图 4-95　“对边测量”界面

模式：MLM1［A-B　A-C］、MLM2［A-B　B-C］。两种模式的操作完全相同，现在我们以 MLM1［A-B　A-C］直接测量为例进行讲解。

4）按 F1 功能键，进入 MLM1［A-B　A-C］模式，如图 4-96 所示。

5）照准棱镜 *A*，按 F1（测量）功能键，测出仪器到棱镜 *A* 之间的水平距离（*HD*），如图 4-97 所示。

MLM1[A-B　A-C]
<第一步>
HD*　m
测量镜高坐标

图 4-96　*A* 点测量界面

MLM1[A-B　A-C]
<第一步>
HD*　1.879　m
测量镜高坐标设置

图 4-97　测出测站与 *A* 点间的水平距离

6）按 F4（设置）功能键，仪器自动跳转到 *B* 点测量界面，如图 4-98 所示。

7）照准棱镜 *B*，按 F1（测量）功能键，测出仪器到棱镜 *B* 之间的水平距离（*HD*），如图 4-99 所示。

MLM1[A-B　A-C]
<第二步>
HD*　m
测量镜高坐标

图 4-98　*B* 点测量界面

MLM1[A-B　A-C]
<第二步>
HD*　3.223　m
测量镜高坐标设置

图 4-99　测出测站与 *B* 点间的水平距离

8）按 F4（设置）功能键，仪器自动计算，显示 *A*、*B* 两点间的 *HR*、d*HD*、d*VD*、d*SD*，如图 4-100 所示。

9）按F4（下点）功能键，仪器跳转到 C 点测量界面，如图 4-101 所示。重复上述步骤即可测得 A、C 两点间的 HR、dHD、dVD、dSD。

MLM1[A-B　A-C]
HR：251° 59′ 50″
dHD:　1.514　m
dVD:　0.042　m
dSD:　1.514　m
下点

图 4-100　结果显示界面

MLM1[A-B　A-C]
<第二步>
HD*　m
测量镜高坐标

图 4-101　C 点测量界面

9. 后方交会

后方交会测量程序是通过 3 ~ 7 个已知点的坐标和这些点的测量数据，反算出测站点坐标，如图 4-102 所示。

后方交会测量操作步骤：

1）按M键，进入菜单模式，如图 4-103 所示。按▼键，翻到下一页。

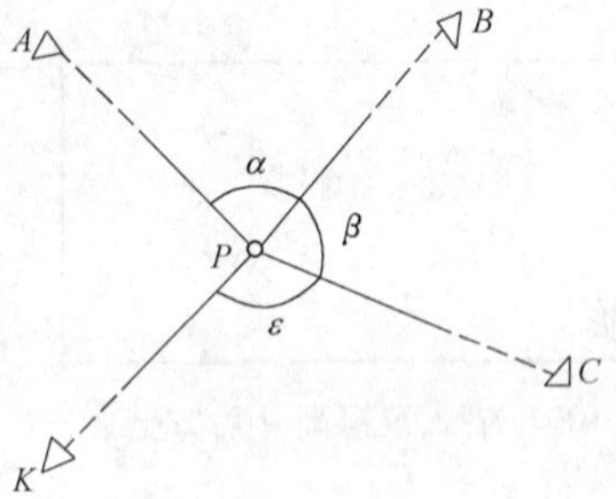

图 4-102　后方交会

菜单(1/2)
F1：数据采集
F2：测量程序
F3：内存管理
F4：设置
▼

图 4-103　菜单模式（后方交会）

2）按F2（测量程序）功能键，进入“测量程序”菜单，如图 4-104 所示。

测量程序 (1/2)
F1：悬高测量
F2：对边测量
F3：面积测量
F4：Z坐标测量
▼

测量程序 (2/2)
F1：点到直线测量
F2：道路测量
F3：坐标放样
F4：后方交会
▲

图 4-104　“测量程序”菜单（后方交会）

3）按F4（后方交会）功能键，输入文件名、点号和编码，如图 4-105 所示。

4）按ENT确认键，仪器跳转到后方交会法测量界面，如图 4-106 所示。

5）按F1（距离后方交会）功能键，仪器跳转到输入仪器高界面，输入仪高后按ENT确认键，如图 4-107 所示。

选择一个文件
FN: JG138
回退调用字母

后方交会法
点名：01
编码：
回退查找数字跳过

图 4-105 “后方交会法”测量界面

后方交会法
F1：距离后方交会

图 4-106 距离后方交会

输入仪器高
仪高： 1.425 m
回退

NO1#
点名：
回退调用数字坐标

图 4-107 输入仪器高（后方交会）

6）按 F4 （坐标）功能键，输入已知点 *A* 的坐标，如图 4-108 所示。

7）按 ENT 确认键后，仪器自动跳转到输入棱镜高界面，输入棱镜高，如图 4-109 所示。

N: 103.210m
E: 21.963 m
Z: 1.012 m
回退

图 4-108 输入 *A* 点坐标（后方交会）

输入棱镜高
镜高： 1.300 m
回退

图 4-109 输入棱镜高（后方交会）

8）照准已知点 *A*，按 F1 （测量）功能键，仪器自动跳转到输入已知点 *B* 的界面，如图 4-110 所示。

V: 90°35′22″
HR: 92°26′10″
HD: m
VD: m
测量

NO2#
点名：
回退调用数字坐标

图 4-110 测量 *A* 点（后方交会）

9）重复步骤 6）~8）对已知点 *B* 进行测量，则显示后方交会残差，如图 4-111 所示。

10）按 F1 （下步）功能键，可对其他已知点进行测量，最多可测 7 个点，如图 4-112 所示。

11）重复步骤 6）~8）对已知点 *C* 进行测量，则显示后方交会残差，如图 4-113 所示。

后方交会残差
dHD: −0.001 m
dZ: 0.004 m
下步计算

图 4-111 后方交会残差

NO3#

点名：

回退调用数字坐标

图 4-112　测量其他点界面（C 点）

后方交会残差

dHD：　−0.003　m

dZ：0.010　m

下步计算

图 4-113　后方交会残差

12）按 F4（计算）功能键，显示测站点坐标，如图 4-114 所示。

13）按 F4（是）功能键，新点坐标被存入坐标数据文件并将此坐标作为测站点坐标被记录。仪器自动跳转到初始界面，如图 4-115 所示。

N：156.560m

E：262.203m

Z：23.112m

记录?否是

图 4-114　显示测站点坐标（后方交会）

新点

F1：　极坐标法

F2：　后方交会法

图 4-115　初始界面（后方交会）

三、任务实施

按照情境四任务二工单中的“运用全站仪程序测量并计算未知点位坐标”完成本任务的实施。

四、课后练习

（一）填空题

1. 进行坐标测量时，要先设置测站坐标、________、________及________。

2. 对边测量有____________式和____________式两种。

3. 面积计算有两种方法，分别为用________数据文件计算面积和用________数据计算面积。

（二）选择题

1. 全站仪基本结构由（　　）构成。

A. 瞄准部、托架、基座　　B. 照准部、水准器、基座

C. 瞄准部、基座　　D. 望远镜、水准仪、基座

2. 全站仪的竖轴补偿器是双轴补偿可以补偿竖轴倾斜对（　　）带来的影响。

A. 水平方向　　B. 竖直角　　C. 视准轴　　D. 水平方向和竖直角

3. 全站仪光学对中器对中误差应小于（　　）。

A. 2mm　　B. 1mm　　C. 2.5mm　　D. 无要求

（三）问答题

1. 采用 NTS—310 型全站仪如何进行坐标测量？

2. 采用 NTS—310 型全站仪如何进行后方交汇？

3. 用全站仪进行坐标测量与经纬仪测绘法相比有哪些优点？

情境五　根据地形图计算方格网面积和挖、填方量

能力目标

1. 了解地形图的基础知识。
2. 能识读地形图。
3. 根据地形图数据进行方格网计算与测量。

任务一　学习地形图的基础知识

一、任务描述

本任务通过对任务工单情境五任务一工单中图 11 的识读，初步掌握地形图的基础知识。

二、相关知识

(一) 地形图的识读

地形图是按一定比例尺和图示符号将地球表面某区域的地形、地貌平面位置和高程采用投影的方法形成的图样。地形图是包含丰富的自然地理、人文地理和社会经济信息的载体，是进行建筑工程规划、设计和施工的重要依据。正确地应用地形图，是建筑工程技术人员必须具备的基本技能。地形图的识读可按先图外后图内、从整体到局部，先地形后地貌、先主要后次要、先注记后符号的基本顺序，并参照相应的“地形图图式”逐一阅读。

1. 地形图图外注记识读

图廓外注记主要包括图名、图号、比例尺、坐标系统和高程系统、测图单位、图式、测图时间和测图方法。地形图图外注记示例如图 5-1 所示。

2. 地物、地貌识读

地物是指自然形成或人工建成的有明显轮廓的物体，如道路、桥梁、房屋、河流、湖泊等。地貌是指地面高低起伏变化的形态，如山川、丘陵、平原等。

(1) 常见地物的表示方法

1) 常用控制点注记见表 5-1。

2) 居民地注记见表 5-2。

3) 独立地物注记见表 5-3。

4) 交通设施注记见表 5-4。

5) 管线设施注记见表 5-5。

6) 水系设施注记见表 5-6。

7) 地貌地质注记见表 5-7。

8) 植被园林注记见表 5-8。

表 5-1　常用控制点注记

名称	符　　号	名称	符　　号	名称	符　　号
三角点	△ J1.二极 / 587.476	小三角点	▽ DS1-2.一级 / 588.25	导线点	⊡ A1-12.图根 / 594.76
埋石图根点	⌖ A2-1.图根 / 592.23	不埋石图根点	⊙ A223.图根 / 788.27	水准点	⊗ 雅102.四等 / 123.234
GPS 控制点	△ 雅安112.三等 / 773.289	—	—	—	—

注：以上控制点标注中分子表示点名、等级，分母表示高程。

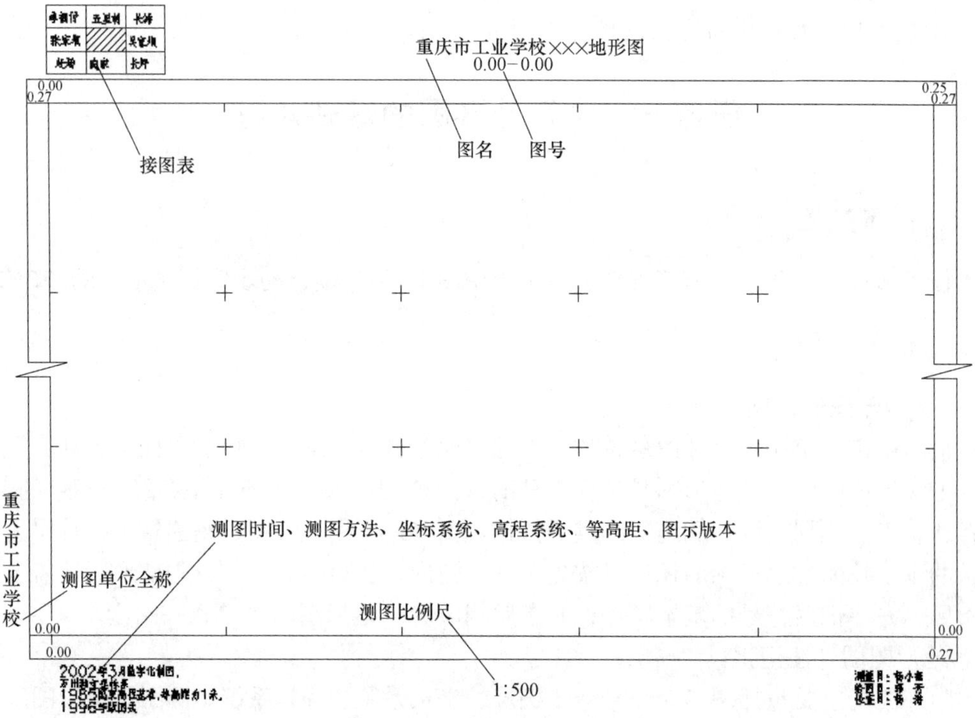

图 5-1　地形图图外注记示例

表 5-2　居民地注记

名　称	符　　号	名　称	符　　号	名　称	符　　号
多点混凝土房屋	混凝土2	四点砖房屋	砖2	四点混房屋	混3
廊房		门廊		建筑物下的通道	
台阶		依比例门墩		围墙门	
不依比例围墙		栅栏栏杆		篱笆	

表 5-3　独立地物注记

名称	符　号	名称	符　号	名称	符　号
路灯		杆式照射灯		厕所	厕
有盖的水池		游泳池	泳	温室花房	温室
宣传橱窗		水塔范围		依比例粮仓	
塔形建筑物		塔形建筑物		水塔	
学校		依比例肥气池		不依比例肥气池	
有看台露天体育场		加油站		卫生所	
喷水池		垃圾台		露天体育场门洞	
岗亭岗楼		无线电杆塔		纪念碑	
过街地道入口		依比例地下建筑物出入口		有平台露天货栈	货栈

表 5-4　交通设施注记

名称	符　号	名称	符　号	名称	符　号
平行高速公路(0. 2mm)		平行等级公路(0. 15mm)		平行等外公路(0. 1mm)	
不依比例一般铁路		不依比例电线架		依比例架空索道	
站台雨棚		收费站		隧道内铁路线	
铁路桥		依比例人行桥		铁索桥	
航行灯塔		航行灯桩		停泊场	
左岸浮标		右岸浮标		石滩	

表 5-5 管线设施注记

名称	符号	名称	符号	名称	符号
地面上的输电线		地面下的输电线		输电线电缆标	
电杆		电线架		依比例电线塔	
水龙头		消火栓		阀门	

表 5-6 水系设施注记

名称	符号	名称	符号	名称	符号
涨潮		落潮		时令河	
消失河段	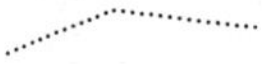	常年湖	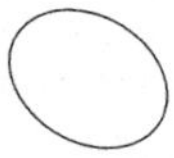	时令湖	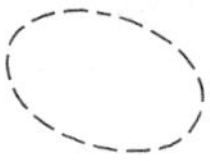
有坎池塘		无坎池塘		单线沟渠（0.15mm）	
水井		水产养殖场		泉	

表 5-7 地貌地质注记

名称	符号	名称	符号	名称	符号
一般高程点	• 123.35	未加固斜坡		加固斜坡	
依比例坑穴	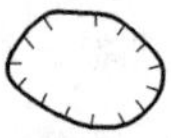	沙地	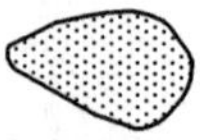	沙砾地石块	
石块地		盐碱地	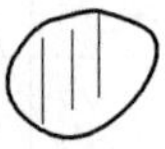	依比例小草丘地	

（2）常见地貌的表示方法　地貌用等高线表示（图 5-2）。等高线是地面上高程相同的相邻各点连成的闭合曲线。

表 5-8　植被园林注记

名称	符　号	名称	符　号	名称	符　号
地类界	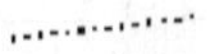	稻田		单线田埂	
菜地	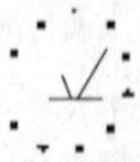	果园	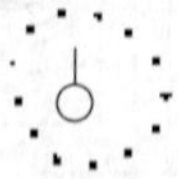	桑园	
茶园		橡胶		其他园地	
散树		行树	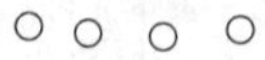	阔叶独立树	
天然草地		改良草地		人工草地	

1）等高线的特性。

① 同一条等高线上各点的高程都相同。

② 等高线应是闭合曲线，若不在本幅图内闭合，也会在相邻图幅内闭合。只有在遇到用符号表示陡崖和悬崖时，等高线才能断开。

③ 除了陡崖和悬崖处外，不同高程的等高线不能相交或重合。

④ 山脊线与山谷线与等高线正交。

⑤ 同一幅地形图上等高距相同。等高线平距越小，等高线越密，则地面坡度越陡；等高线平距越大，等高线越稀疏，则地面坡度越缓。

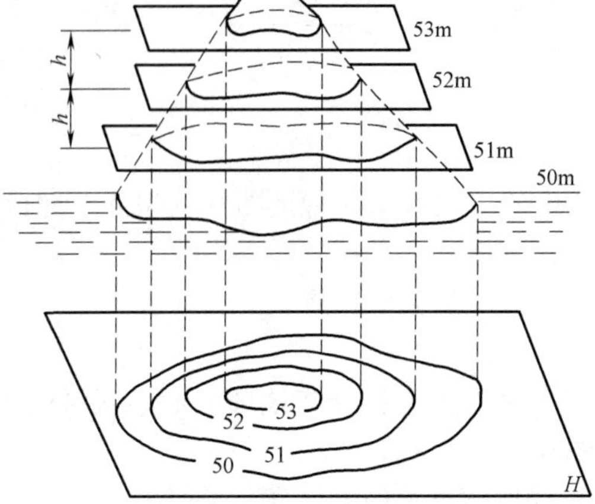

图 5-2　等高线表示

2）常见典型地貌等高线。常见典型地貌等高线见表 5-9。

表 5-9　常见典型地貌等高线

地形	表示方法	示意图	等高线图	地形特征	说　明
山地 山峰	闭合曲线外低内高▲符号	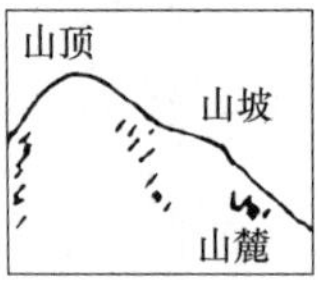	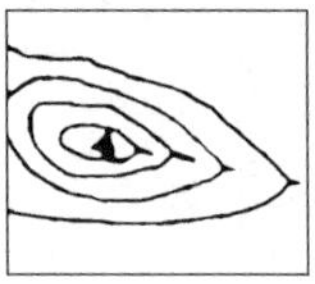	四周低中部高	示坡线画在等高线外侧，坡度向外侧降
盆地 洼地	闭合曲线外高内低		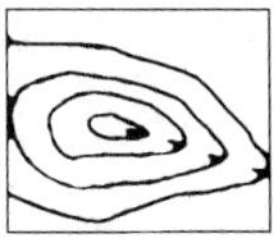	四周高中间低	示坡线画在等高线内侧，坡度向内侧降
山脊	等高线凸向低处山脊连线	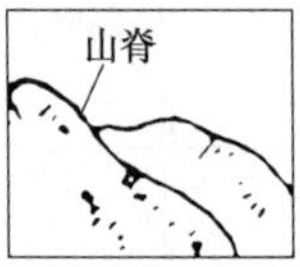	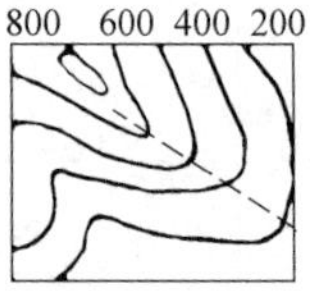	从山顶到山麓凸起高耸部分	山脊线也叫分水线
山谷	等高线凸向高处山谷连线		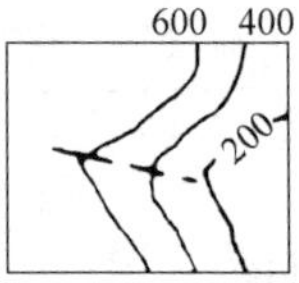	山脊之间低洼部分	山谷线也叫集水线
鞍部	一对山脊等高线组成	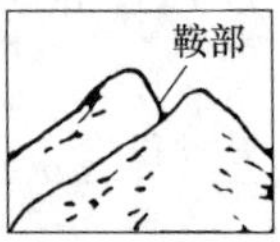	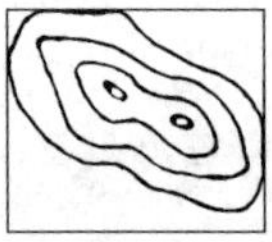	相邻两个山顶之间呈马鞍形	鞍部是山谷线最高处，山脊线最低处
峭壁 陡崖	多条等高线会合重叠在一处	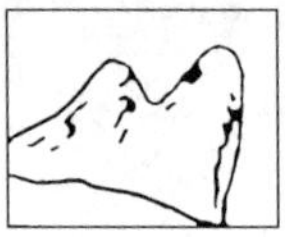	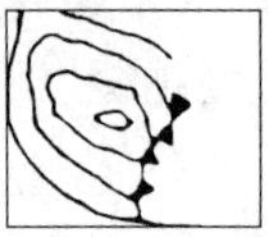	近于垂直的山坡，称峭壁。峭壁上部突出处，称悬崖或陡崖	

三、任务实施

按照情境五任务一工单中的“《×××地形图》的识读”完成本任务的实施。

四、课后练习

（一）填空题

1. 地形图是按一定______和______符号将地球表面某区域的地形、地貌平面位置和高程采用投影的方法形成的图样。

2. 等高线密集的地方，说明该处地面的坡度______。

3. 除____________________外，等高线不能相交。

（二）选择题

1. 同一条等高线上的各点，其（　　）必定相等。

A. 地面高程　　B. 平距　　C. 水平角度

2. 下列不属于地物的是（　　）。

A. 森林　　B. 高山　　C. 河流　　D. 房屋

3. 当地物很小，不能用比例尺绘制时，常用（　　）来表示。

A. 比例符号　　B. 半依比例符号　　C. 非比例符号

（三）问答题

1. 什么是地物、地貌？

2. 试画出山头、山脊、山谷、洼地和鞍部等典型地貌的等高线。

3. 等高线有哪些特性？

任务二　测量指定路段并计算挖、填方量

一、任务描述

本任务根据任务工单情境五任务二工单中的图 12，完成指定道路一段距离的测量，并计算其挖、填方量，初步掌握计算挖、填方量的基础知识和方法。

二、相关知识

（一）地形图的应用

1. 确定图上点的平面坐标与高程

（1）平面坐标　用比例尺在图上量取，如图 5-3 所示。

（2）高程　目估内插，如图 5-4 所示。B 点高程为

$$H_{\mathrm{B}} = H_n + \frac{nB}{mn} b$$

2. 确定图上直线的距离、方向（方位角）、坡度

（1）图上直线的距离

1）解析法——量取两点坐标，用距离公式计算。

$$D_{\mathrm{AB}} = \sqrt{(x_{\mathrm{A}} - x_{\mathrm{B}})^2 + (y_{\mathrm{A}} - y_{\mathrm{B}})^2} = \sqrt{\Delta x_{\mathrm{AB}}^2 + \Delta y_{\mathrm{AB}}^2}$$

2）图解法——用比例尺量取，如图 5-3 所示。

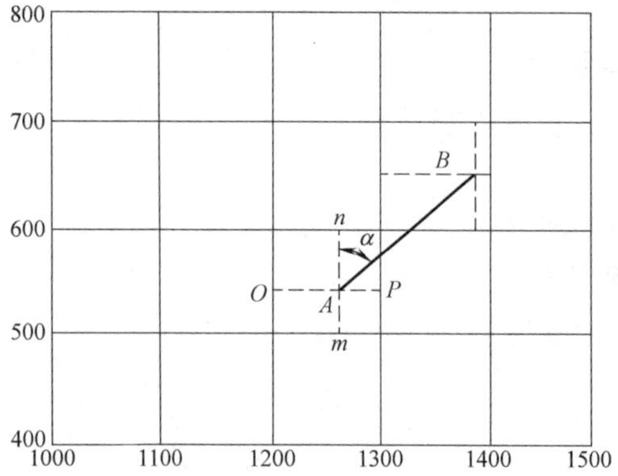

图 5-3　地形图平面坐标

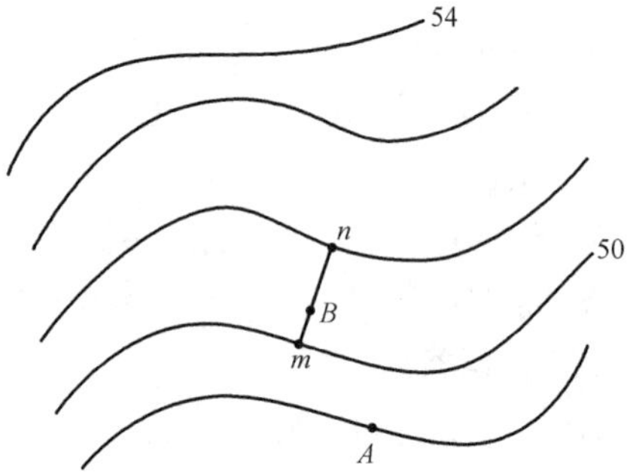

图 5-4　确定点的高程

（2）图上直线的坐标方位角

1）解析法——量取两点坐标，用坐标反算公式计算。

$$\alpha_{AB}=\arctan\frac{\Delta y_{AB}}{\Delta x_{AB}}=\arctan\frac{y_B-y_A}{x_B-x_A}$$

2）图解法——用量角器量取，如图 5-3 所示。

（3）确定图上直线的坡度　坡度为

$$i=\frac{H_B-H_A}{D_{AB}}（i\text{ 化为千分数‰}）$$

3. 绘制指定方向的纵断面图

所谓纵断面就是通过一定方向的竖直面与地面的交线。纵断面反映了这一制定方向上地面的高低起伏形态，如图 5-5 所示。

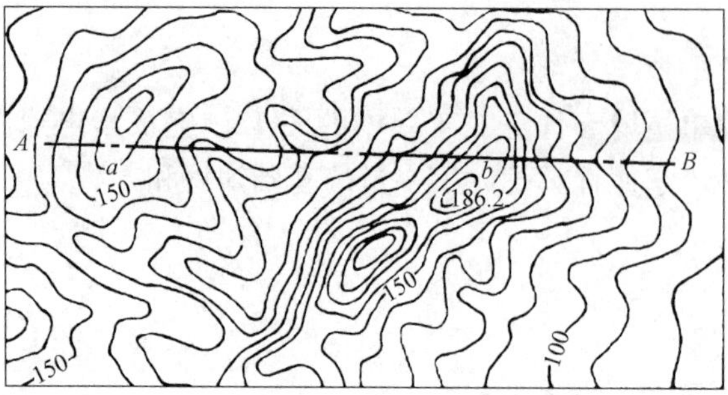

a)

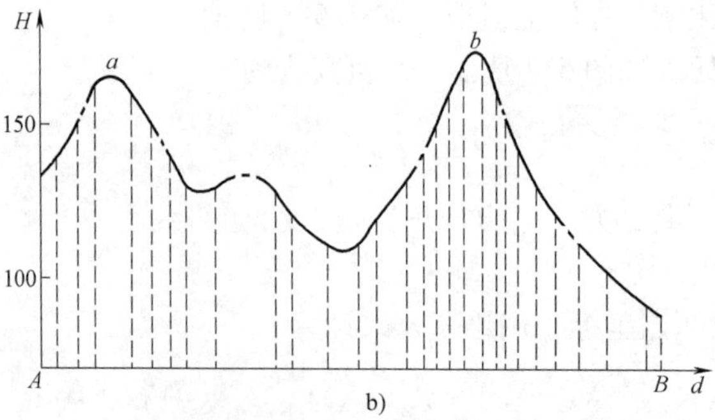

b)

图 5-5　绘制纵断面

绘制纵断面的步骤为：

1）绘制坐标轴（水平距离为横轴，高程为纵轴）。

2）在等高线图上一次标出直线与等高线的交点。

3）按一定比例，将交点标在横轴上，并通过这些交点做横轴的垂线。

4）在等高线上确定各交点的高程，并把它们标定在相应的垂线上。

5）依次光滑各交点，从而得到 *AD* 方向线的纵断面图。

4. 确定汇水面积

汇水面积即由山脊线围成的面积。汇水面积边界线应与山脊线一致，与等高线垂直，边界线是经过一系列山头和鞍部的曲线，并与河谷的指定断面闭合，如图 5-6 所示。

图上汇水范围确定后，可用面积求算方法求得汇水面积，再根据当地的最大降雨量，来确定最大洪水流量，作为设计桥涵孔径及管径尺寸的参考。

5. 土地平整中土石方的估算

（1）方格网法　适用于大面积土石方估算，如图 5-7 所示。

图 5-6　汇水面积

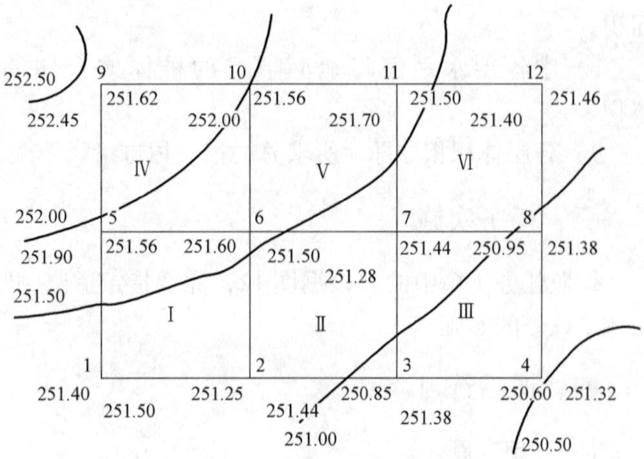

图 5-7　方格网法计算土石方量

操作步骤如下：

1）绘制方格网按精度要求和地形的不同，一般取 10m × 10m、20m × 20m、50m × 50m。

2）绘制挖、填分界线，根据等高线确定各方格顶点的高程（用内插法）。

3）计算设计高程。

① 若设计高程由设计单位定出，则无须计算。

② 挖、填方基本平衡时的设计高程。

把每一个方格四个顶点的高程相加，除以 4，得每一个方格的平均高程；再把 n 个方格的平均高程加起来，除以方格数 n，得设计高程。在计算设计高程时，以图 5-7 为例。其中，1、4、9、12 的高程为 $H_{角}$，边点 2、3、5、8、10、11 的高程为 $H_{边}$，中间点 6、7 的高程为 $H_{中}$。即

$$H_{设} = \frac{\sum H_{角} \times 1 + \sum H_{边} \times 2 + \sum H_{拐} \times 3 + \sum H_{中} \times 4}{4n}$$

4）计算挖、填高度（h）。

$$h = H_{地} - H_{设}(h:正数为挖,负数为填)$$

式中　$H_{地}$——地面高程。

5）计算分块挖、填方量。

$$V_{块} = S_{挖(填)} h_{均}$$

式中　$V_{块}$——一个方格网需挖、填方量；

$S_{挖(填)}$——一个方格网的面积。

6）计算总填、挖方量（$V_{总}$）。

$$V_{总} = \Sigma V_{块}$$

（2）等高线法　适用于场地起伏较大，单纯地挖或填，场地平整时常用，如图5-8所示。

操作步骤如下：

1）设计水平面进行分层，水平面与地面交线最好为等高线。

2）求水平面横切地面所围成的不规则封闭图形的面积。

3）求各层水平面与地面形成的椎体或台体的体积。

4）各层体积相加即为所求总的挖、填方量。

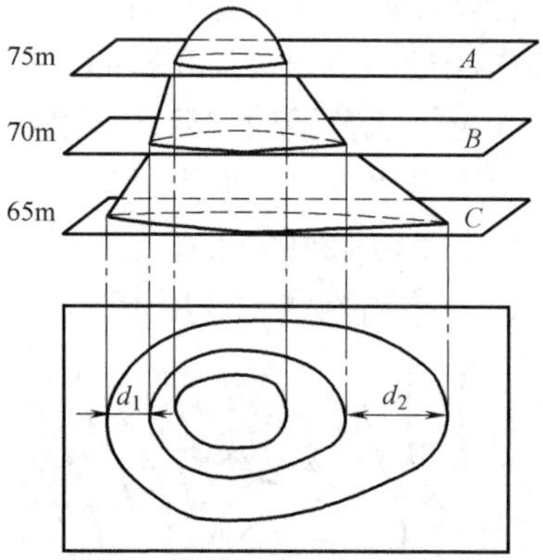

图5-8　等高线法计算土石方量

三、任务实施

按照任务工单中的“根据图12，完成指定道路一段距离的测量，并计算其挖、填方量”完成本任务的实施。

四、课后练习

（一）填空题

1. 在地形图上确定点的高程，当点不在等高线上时，则通常采用__________法来进行计算该点高程。

2. 在地形图上计算平整土地的土方量有________法和________法。

3. 在地形图上，量得A、B点图上距离为0.02m，实地距离为100m，则该地形图的比例尺为____________。

（二）选择题

1. 图5-9中虚线或字母表示地形部位。下列选项中，地形部位名称排序与图序相符的是（　　）。

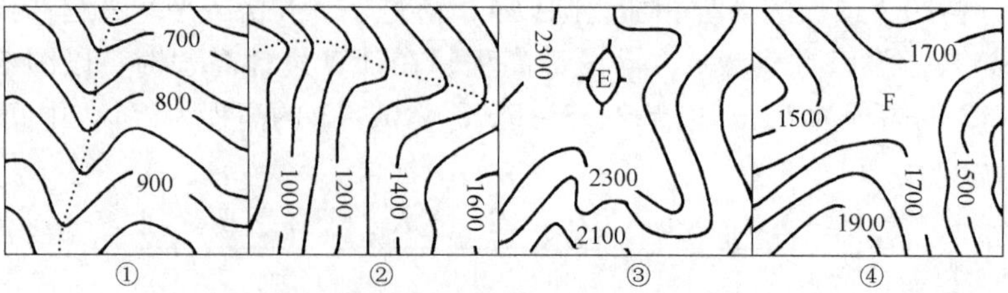

图5-9　地形部位判断

A. ①山谷②山脊③鞍部④山顶　　B. ①山谷②山谷③山顶④鞍部
C. ①山谷②山脊③山顶④鞍部　　D. ①山脊②山脊③山顶④鞍部

2. 下列说法正确的是（　　）。
A. 等高线平距越大，表示坡度越小
B. 等高线平距越小，表示坡度越小
C. 等高距越大，表示坡度越大
D. 等高距越小，表示坡度越大

3. 下列关于地形图的比例尺说法正确的是（　　）。
A. 地形图的比例尺分母越大，比例尺越大
B. 比例尺分母的第一个数字常是 1、2、3、5
C. 地形图的比例尺分母越大，所表达的地形越粗略
D. 地形图的比例尺越大，测图所需的人力、物力及时间越少

（三）问答题

1. 地形图应用的基本内容有哪些？

2. 如何确定地形图地面两点间的坡度？

3. 试根据图 5-10 中地形图上所画的 AB 方向线，在其下方一组平行线图上绘制出该方向线的断面图。

图 5-10　绘制 AB 方向线的断面图

参考文献

[1] 石长宏，徐成．工程测量［M］．北京：人民交通出版社，2011.
[2] 谢远光．工程测量［M］．2版．重庆：重庆大学出版社，2011.
[3] 李沛鸿，曾宪珪，需昌荣．建筑工程测量［M］．北京：地质出版社，2007.
[4] 郑持红．建筑工程测量［M］．重庆：重庆大学出版社，2008.
[5] 张冬．工程测量［M］．上海：华东师范大学出版社，2012.